跟着电网企业劳模学系列培训教材

变电站就地化保护 安装调试技术

国网浙江省电力有限公司　组编

中国电力出版社
CHINA ELECTRIC POWER PRESS

内 容 提 要

本书是"跟着电网企业劳模学系列培训教材"之《变电站就地化保护安装调试技术》分册,采用"章—项目—任务"结构进行编写,以劳模跨区培训对象所需掌握专业知识要点、技能要领两个层次进行编排,包括就地化智能管理单元、220kV 就地化线路保护调试、110kV 就地化线路保护调试、220kV 就地化母线保护调试、220kV 就地化变压器保护调试、110kV 就地化变压器保护调试、就地化保护网络架构、就地化更换式检修八部分内容。

本书可供电网公司运检人员学习参考。

图书在版编目(CIP)数据

变电站就地化保护安装调试技术 / 国网浙江省电力有限公司组编 . —北京:中国电力出版社,2020.7

跟着电网企业劳模学系列培训教材

ISBN 978-7-5198-4661-9

Ⅰ . ①变… Ⅱ . ①国… Ⅲ . ①变电所—继电保护装置—设备安装—技术培训—教材②变电所—继电保护装置—调试方法技术培训—教材 Ⅳ . ① TM774

中国版本图书馆 CIP 数据核字(2020)第 078871 号

出版发行:中国电力出版社

地　　址:北京市东城区北京站西街 19 号(邮政编码 100005)

网　　址:http://www.cepp.sgcc.com.cn

责任编辑:刘丽平　穆智勇

责任校对:黄　蓓　李　楠

装帧设计:赵姗姗

责任印制:石　雷

印　　刷:三河市万龙印装有限公司

版　　次:2020 年 7 月第一版

印　　次:2020 年 7 月北京第一次印刷

开　　本:710 毫米 ×980 毫米　16 开本

印　　张:17

字　　数:238 千字

印　　数:0001—2000 册

定　　价:68.00 元

丛书序

国网浙江省电力有限公司在国家电网有限公司领导下，以努力超越、追求卓越的企业精神，在建设具有卓越竞争力的世界一流能源互联网企业的征途上砥砺前行。建设一支爱岗敬业、精益专注、创新奉献的员工队伍是实现企业发展目标、践行"人民电业为人民"企业宗旨的必然要求和有力支撑。

国网浙江省电力有限公司为充分发挥公司系统各级劳模在培训方面的示范引领作用，基于劳模工作室和劳模创新团队，设立劳模培训工作站，对全公司的优秀青年骨干进行培训。通过严格管理和不断创新发展，劳模培训取得了丰硕成果，成为国网浙江省电力有限公司培训的一块品牌。劳模工作室成为传播劳模文化、传承劳模精神，培养电力工匠的主阵地。

为了更好地发扬劳模精神，打造精益求精的工匠品质，国网浙江省电力有限公司将多年劳模培训积累的经验、成果和绝活，进行提炼总结，编制了《跟着电网企业劳模学系列培训教材》。该丛书的出版，将对劳模培训起到规范和促进作用，以期加强员工操作技能培训和提升供电服务水平，树立企业良好的社会形象。丛书主要体现了以下特点：

一是专业涵盖全，内容精尖。丛书定位为劳模培训教材，涵盖规划、调度、运检、营销等专业，面向具有一定专业基础的业务骨干人员，内容力求精练、前沿，通过本教材的学习可以迅速提升员工技能水平。

二是图文并茂，创新展现方式。丛书图文并茂，以图说为主，结合典型案例，将专业知识穿插在案例分析过程中，深入浅出，生动易学。除传统图文外，创新采用二维码链接相关操作视频或动画，激发读者的阅读兴趣，以达到实际、实用、实效的目的。

三是展示劳模绝活，传承劳模精神。"一名劳模就是一本教科书"，丛书对劳模事迹、绝活进行了介绍，使其成为劳模精神传承、工匠精神传播的载体和平台，鼓励广大员工向劳模学习，人人争做劳模。

丛书既可作为劳模培训教材，也可作为新员工强化培训教材或电网企业员工自学教材。由于编者水平所限，不到之处在所难免，欢迎广大读者批评指正！

最后向付出辛勤劳动的编写人员表示衷心的感谢！

丛书编委会

前　言

　　本书的出版旨在传承电力劳模"吃苦耐劳，敢于拼搏，勇于争先，善于创新"的工匠精神，满足一线员工跨区培训的需求，从而达到培养高素质技能人才队伍的目的。

　　近年来，芯片、通信等领域的技术发展日新月异，为保护装置硬件集成化、小型化和可靠性的提升奠定了基础，为继电保护发展提供了机遇，就地化保护应运而生。就地化保护采用就地安装方式，取消了传统智能变电站保护的合并单元和智能终端，直接采样直接跳闸，减少数据传输中间环节，提高了"速动性"和"可靠性"；采用标准连接器，有效防止现场"误接线""误碰"，大篇提高现场工作安全性；将 COOSE/SV/MMS 三网合一，提高了信息共享效率；创新采用"工厂化调试"和"更换式检修"模式，大幅减少现场停电和检修时间。国网浙江省电力有限公司从 2013 年开始，陆续在 220kV 金钉变电站、220kV 渔都变电站、110kV 齐家变电站、110kV 丰城变电站、220kV 芙雁变电站、500kV 乔司变电站、220kN 昆亭变电站、110kV 余塘变电站、110kV 塔山变电站等多座变电站开展了就地化保护的挂网运行工作。由于就地化保护采用就地安装方式，装置上没有液晶面板，在检修调试中与常规保护存在较大差异。本书以 220kV 线路保护、220kV 母线保护、220kV 变压器保护、110kV 线路保护和 110kV 变压器保护为例，详细介绍了就地化保护的调试准备、模拟量/开入量检查、功能校验和整组传动方法，并结合就地化保护特点介绍了就地化智能管理单元使用方法、就地化保护网络结构、更换式检修流程及现场安装方式，有利于提高运行检修人员对就地化保护的认识，提升继电保护运行水平。本书可供就地化保护调试人员、设备运维人员和安全生产管理人员使用，亦可作为电力行业入职新员工培训学习参考资料。

限于编写时间和编者水平，本书难免存在不足之处，敬请各位读者批评指正。

编　者

2020 年 5 月

目　录

继电保护劳模工作站

国网浙江省电力有限公司培训中心继电保护劳模工作站秉承"下基层、接地气、找问题、干实事"的原则，急生产所急，整合浙江省继电保护技术专家和技能骨干力量，通过创建劳模工作站师资建设、师资研修等制度，不断强化师资水平，引进并推广先进测试方法，配合厂家研发实用的工具，不断提升培训效果及检修水平。

继电保护劳模工作站创立了现场教学、集中培训、网络课堂等多种培训方式，借助智能变电站竞赛集训契机，以新建智能变电站的方式引进先进测试工具、先进SCD组态软件，同时编制完成《智能变电站继电保护技术问答》《智能变电站调试流程》等培训教材，全方位为学员打造理论到实践、基建到投运的完整设备调试环境，为浙江省智能电网建设和输送高素质的电网保护人才做出了卓越贡献。

第一章

就地化智能管理单元

项目一

智能管理单元的基本概念和操作方法

≫【项目描述】

　　就地化智能管理单元对就地化保护装置进行智能管理，并通过代理服务实现远方主站与就地化保护装置的信息交互。智能管理单元的概念和网络架构详见附录 A。本项目通过介绍就地化智能管理单元的界面查看、基本操作、备份管理、故障信息管理、远程功能等，让工作人员熟悉并掌握就地化智能管理单元的基本概念和操作方法。

任务一　界　面　查　看

≫【任务描述】

　　本任务主要讲解就地化智能管理单元界面展示和信息查看方式。通过介绍管理单元首界面、保护管理界面、管理单元自身信息等界面，了解管理单元界面风格，掌握管理单元界面查看方法。

≫【知识要点】

　　（1）管理单元首界面布局。
　　（2）保护管理界面。
　　（3）保护信息层次化菜单。

≫【技能要领】

一、了解管理单元首界面布局

　　智能管理单元开机后自动进入首界面。首界面为变电站主接线图，在主接线图上根据保护配置原则在一次设备位置处叠加保护图元，支持通过保护图元进入保护管理界面。管理单元首界面示例如图 1-1 所示。

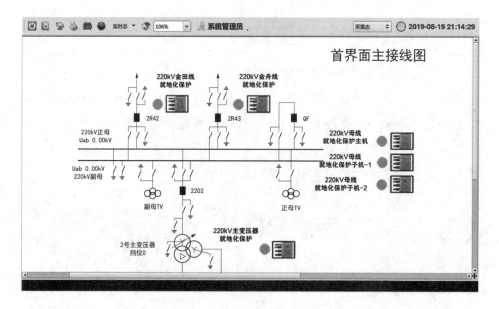

图 1-1　管理单元首界面

（一）主接线图及叠加保护图元

在主接线图间隔一次设备旁绘制有叠加保护图元及其信号灯图元，点击相应的保护图元可直接进入其保护管理界面。

（二）保护状态灯

当装置处于运行、异常、检修、闭锁、跳闸五种运行状态时，按优先级从低到高，保护状态灯分别以绿色、黄色、蓝色、橙色、红色显示，对应关系如图 1-2 所示。闭锁状态取保护功能闭锁数据集 dsRelayBlk 所有数据点的或逻辑。当保护通信中断时状态灯显示为白色，优先级最高。

图 1-2　保护状态灯状态和颜色对应关系

（三）间隔分图

点击主接线图上的间隔名称，导航进入该间隔信息分图，如图 1-3 所示，信息分图实时展示该间隔就地化保护的信号灯、检修压板状态、装置自检、当前运行定值区及变电站气象数据信息，同时提供叠加保护图元，支持点击保护图元进入保护管理界面。

图 1-3 间隔信息分图界面

二、熟悉保护管理界面

通过在首界面变电站主接线图上左键点击保护图元，弹出该保护（或保护子机）管理界面。保护管理界面整体布局及实例化界面分别如图 1-4 和图 1-5 所示。

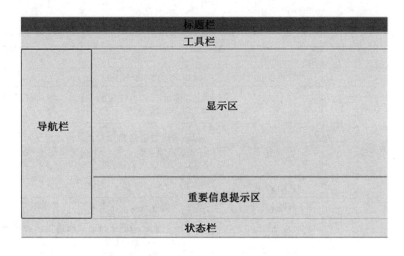

图 1-4 保护管理界面整体布局

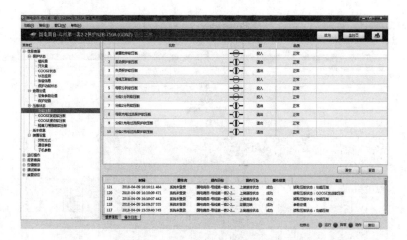

图 1-5 保护管理实例化界面

（一）工具栏

工具栏包含菜单区和工具区两部分：不常用的功能如 CID/CCD 文件下装、一键备份和下装、故障及整组动作报告查看等一般放在菜单区；常用的远方/就地切换、打印功能等功能放在工具区。

（二）导航栏

导航栏按树形层次结构显示三级菜单，菜单层次结构及说明如表 1-1 所示。

表 1-1　　　　　　　　统一菜单层次化结构表

一级菜单	二级菜单	三级菜单	说明
信息查看	保护状态	模拟量	模拟量的大小及相位
		开关量	显示常规开入、GOOSE 开入（带检修）和开出（可选）的当前状态
		SV 状态	包括采样通道链路延时、品质（包括检修位等）、通信统计（SV 板卡号、SV 板光口号）（适用于 MU 采样）
		GOOSE 状态	
		状态监测	电压、装置温度、光强等
		通道信息	通道一（二）的通道延时、通道误码和丢帧数统计（适用于光纤纵联保护）
		告警信息	软、硬件自检信息；告警状态；保护功能闭锁状态

续表

一级菜单	二级菜单	三级菜单	说明
信息查看	保护状态	保护功能状态	保护功能状态
	查看定值	设备参数定值	装置参数（按照六统一要求执行）
		保护定值	查看定值
	压板状态	功能压板	查看功能软、硬压板的投退情况
		SV 接收软压板	查看 SV 接收压板的投退情况（适用于非母线保护）
		间隔接收软压板	查看间隔接收软压板的投退情况（适用于母线保护）
		GOOSE 发送软压板	查看 GOOSE 发送软压板的投退情况
		GOOSE 接收软压板	查看 GOOSE 接收软压板的投退情况
		子机软压板	查看各子机软压板投退状态（适用于元件保护）
		隔离开关强制软压板（可选）	
	版本信息		装置识别代码； 程序版本（型号、程序版本、检验码、生成时间，按照六统一要求执行）； 虚端子校验码（装置自动生成的配置文件检验码）
	装置设置	对时方式	
		通信参数	通信规约、通信地址等
		子机参数	元件保护子机编号，母线保护主机无此项
运行操作	压板投退	功能软压板	保护功能投退
		SV 接收软压板	SV 接收压板投退（适用于非母线保护）
		间隔接收软压板	查看间隔接收软压板的投退情况（适用于母线保护）
		GOOSE 发送软压板	进行 GOOSE 发送软压板的投退
		GOOSE 接收软压板	进行 GOOSE 接收软压板的投退
		子机软压板	进行各子机软压板的投退（适用于元件保护）
		隔离开关强制软压板	
	切换定值区		切换定值区
	复归指示灯		
报告查询	动作报告		
	告警报告		包括保护功能闭锁状态的信号
	变位报告		包含保护功能状态
	操作报告		定值固化、压板投退等
定值整定	设备参数定值		按照六统一
	保护定值		
	分区复制		复制定值功能

续表

一级菜单	二级菜单	三级菜单	说明
调试菜单	开出传动		
	不停电传动		线路保护专用
	通信对点		
	厂家调试		与"运行操作""定值整定""调试菜单""装置设定"项权限不同
装置设定	修改时钟		
	对时方式		
	通信参数		
	子机参数		元件保护子机编号，母线保护主机无此项

（三）显示区

显示区是显示就地化保护装置信息的主体区域，根据在导航栏中选择的子菜单项，显示区负责显示该子菜单下的详细信息，包含保护状态、定值、压板状态、报告信息、参数信息、版本信息等，并支持相关操作功能。设备参数定值的信息显示如图 1-6 所示。

图 1-6　设备参数定值主体信息

进入任何一项子菜单的查看界面，界面将刷新显示相关信息的最新实时数据。

进入模拟量显示界面时，智能管理单元以不超过 2s 的时间间隔主动召唤装置模拟量，并实时刷新。

（四）重要信息提示区

该区域位于界面的右部下方，显示重要的告警信息和操作日志信息，重要事件包括告警事件、动作事件、变位事件三类。显示内容可定制，并提供重要信息和操作日志的历史检索功能，界面如图 1-7 和图 1-8 所示。

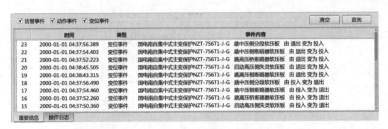

图 1-7　重要信息

图 1-8　操作日志信息

（五）状态栏

用于显示各种状态信息，状态栏中状态项依次靠右排列，包含保护装置是否检修状态显示、保护指示灯状态显示，并提供保护指示灯复归按钮。界面如图 1-9 所示。

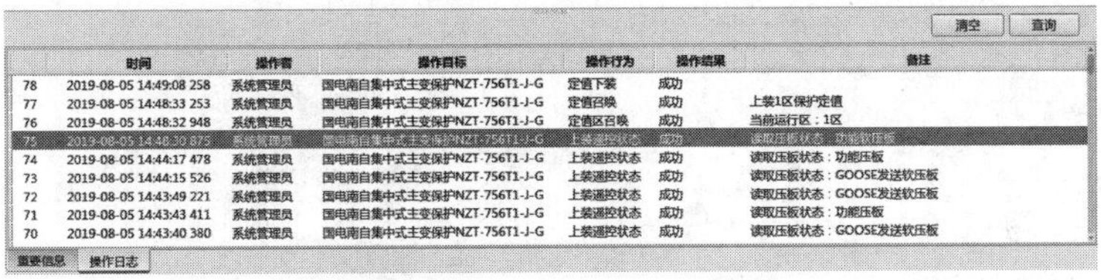

图 1-9　状态栏

三、掌握保护信息层次化菜单

（一）保护状态

通过三级子菜单可分别查看模拟量、开关量、GOOSE 状态、状态监测、告警信息、保护功能状态等信息。如告警信息如图 1-10 所示。

（二）查看定值

通过三级子菜单可分别查看设备参数定值、保护定值信息。设备参数定值信息和保护定值信息分别如图 1-11 和图 1-12 所示。

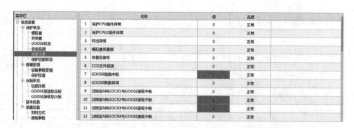

图 1-10　告警信息

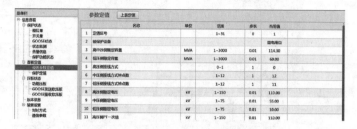

图 1-11　设备参数定值

图 1-12　保护定值

（三）压板状态

通过三级子菜单可分别查看功能压板、GOOSE 发送压板、GOOSE 接收压板的状态。功能压板状态信息如图 1-13 所示。

图 1-13　功能压板状态

(四) 版本信息

包含保护软件版本、管理软件版本、全站虚端子 CRC、装置虚端子 CRC、装置识别代码。版本信息如图 1-14 所示。

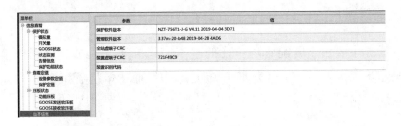

图 1-14　版本信息

(五) 装置设置

装置设置包括对时方式和通信参数，通过三级子菜单可分别查看对时方式、通信参数，如图 1-15 和图 1-16 所示。

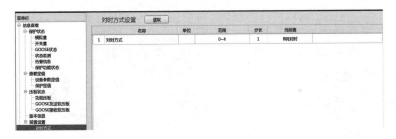

图 1-15　对时方式

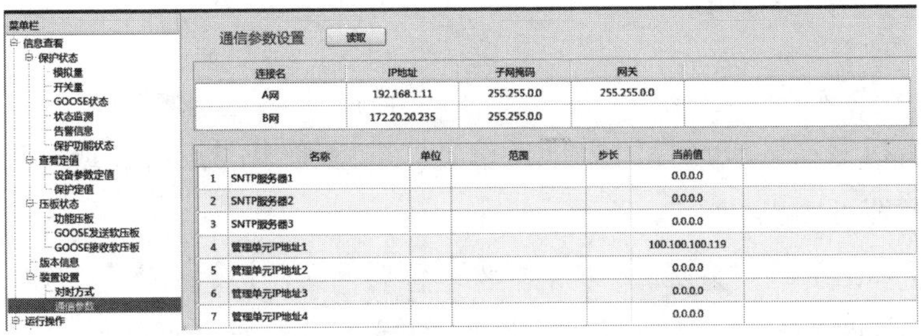

图 1-16　通信参数

11

任务二　基 本 操 作

>>【任务描述】

本任务主要讲解智能管理单元的基本操作方法。通过介绍管理单元的基本操作步骤以及示例，了解管理单元操作界面，掌握管理单元界面基本操作方法。

>>【知识要点】

(1) 运行操作。

(2) 报告查询。

(3) 定值整定。

(4) 调试菜单。

(5) 装置设定。

(6) 下载 CID/CCD 文件。

(7) 查看波形文件。

(8) 带负荷试验。

>>【技能要领】

一、了解运行操作

(一) 压板投退

在压板显示区域选择所需操作信息，右键弹出"投入"或"退出"窗口，选择即可，如图 1-17 所示。

随后弹出密码校验窗口，核对操作名称后输入用户名和密码，管理单元的用户名密码见具体变电站的相应手册。本章操作以南瑞科技管理单元为例，其初始默认用户名为"ns5000"密码为"1"，点击"OK"键，如图 1-18 所示。

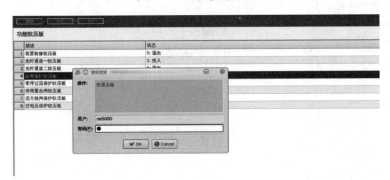

图 1-17　压板投退界面

图 1-18　压板投退密码校验界面

（二）切换定值区

在"当前定值区"选择所需切换的定值区号，如图 1-19 所示。

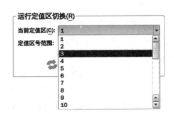

图 1-19　区号选择界面

点击"切换"按钮，如图 1-20 所示。

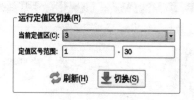

图 1-20　切换定值区界面

随后弹出密码校验窗口，核对操作名称后输入用户名和密码，点击"OK"键，如图 1-21 所示；界面显示定值区切换成功，如图 1-22 所示。

图 1-21　切换定值区密码校验界面

14

切换定值区

图 1-22　切换定值区成功显示界面

二、熟悉报告查询

在导航区选择"报告查询",点击"动作报告""告警报告""变位报告""操作报告"之一后,显示区出现相应的报告界面,在右上角点击"读取"按钮可查看当前的报告信息,如图 1-23 所示。在右上角点击"清空"按钮,可清空当前显示区显示的报告信息。在右上角点击"导出"按钮,可导出该报告信息。

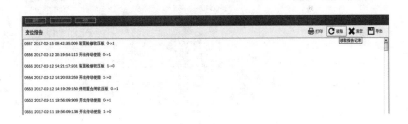

图 1-23　报告查看界面

三、熟悉定值整定

(一)设备参数定值

在"修改值"列填写所需修改的数值,如图 1-24 所示。

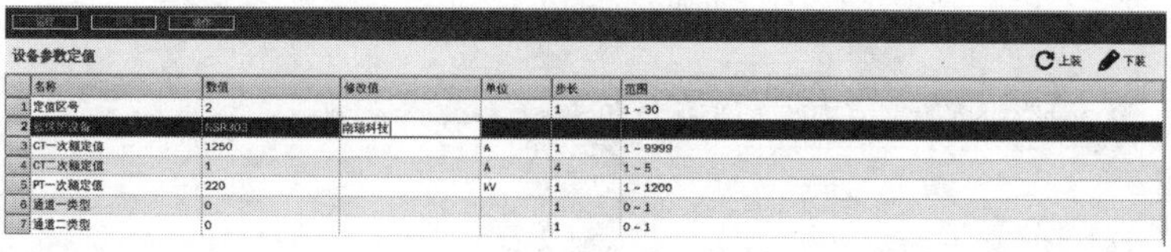

图 1-24　设置修改值

点击右上角"下装"图标，如图 1-25 所示。

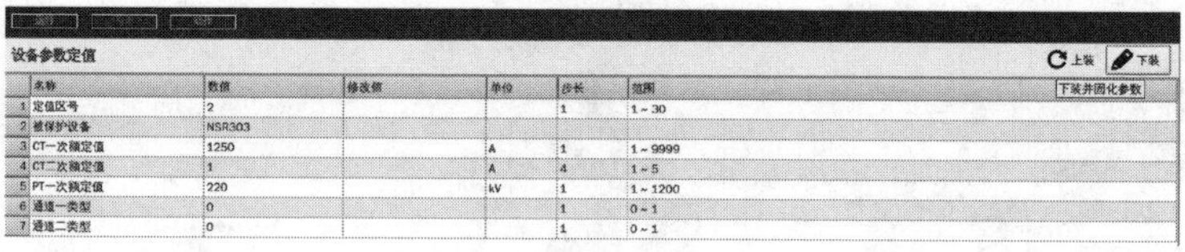

图 1-25　修改定值

随后弹出密码校验窗口，核对操作名称后输入用户名和密码，点击"OK"键，如图 1-26 所示。

图 1-26　修改定值密码校验界面

（二）保护定值

在右上角"编号定值区号"选择所需的定值区号，如图 1-27 所示。

在"修改值"列填写所需数值后，点击右上角"下装"图标。随后弹出密码校验窗口，核对操作名称后输入用户名和密码，点击"OK"键，完成保护定值修改。

智能管理单元具备自动召唤定值并和上次召唤时保存的定值进行自

动比对功能，当发现定值不一致时，会在本地给出相应提示，向远方主站发送定值变化告警信号，并将新定值保存在数据库中作为下次比对的基础。

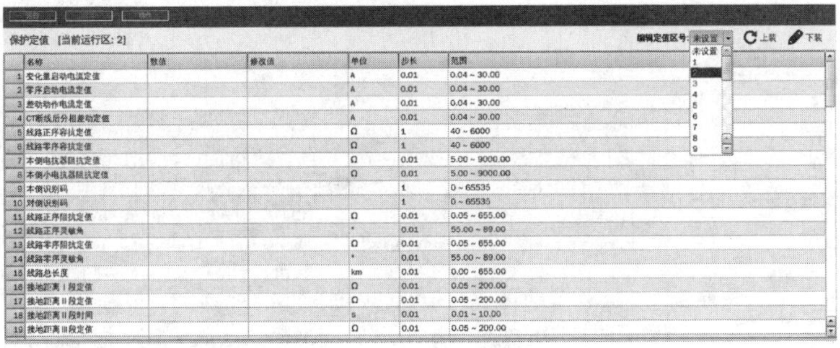

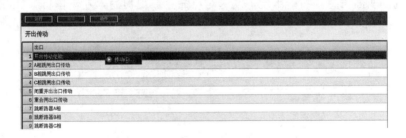

图 1-27　设置编辑区定值区号

四、熟悉调试菜单

（一）开出传动

投入装置检修软压板。打开运行操作中压板投退，将功能压板中的装置检修软压板投上。在开出传动中选择开出传动使能，右击出现"传动"窗口后，左击鼠标，如图 1-28 所示。

图 1-28　开出传动操作界面

在"遥控"界面选择"分"或者"合"后，点击"OK"，如图 1-29 所示。

随后弹出密码校验窗口，核对操作名称后输入用户名和密码，点击"OK"键。

图 1-29　遥控选择界面

当开出传动使能投上后，就可以选择其他所需做传动的信息，做开出传动操作。

（二）不停电传动

操作步骤同"开出传动"。

（三）通信对点

选择所需信息，右击出现"发送对点命令"窗口后，左击鼠标，如图 1-30所示。

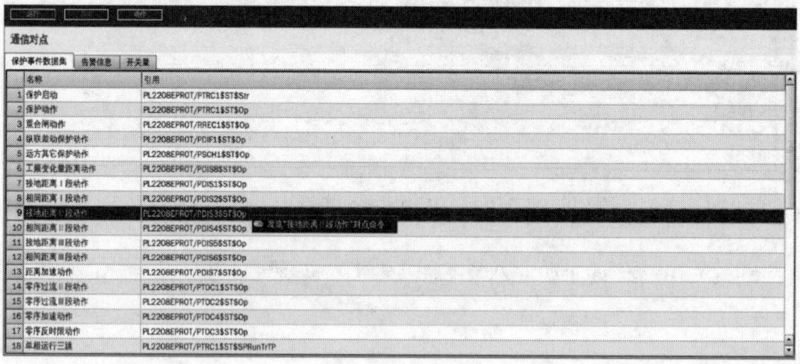

图 1-30　通信对点

智能管理单元根据保护模型自动列出"通信对点"可对点的所有点的列表，包括 dsMgrRelayDin、dsMgrAlarm 和 dsMgrTripInfo 数据集中的所有数据。当选择某个点进行对点操作时，以写服务将此点的 reference（与数据集 fcdaFCDA 路径一致）写入保护装置通信对点（dsMgrVirtual）数据集中名称为"模拟对点"的点，reference 格式为 IEDnameLDname/LN-name＄FC＄DO。

五、掌握装置设定

（一）修改时钟

点击"读取时钟"，出现修改时钟界面，如图 1-31 所示。

图 1-31 时钟修改选择

选择使用计算机时间同步装置时钟或使用自定义时间同步装置时钟，再点击"设置时钟"，使装置时钟同步于设置的选项。随后弹出密码校验窗口，核对操作名称后输入用户名和密码，点击"OK"键，完成修改时钟操作。

（二）对时方式
操作步骤同"定值整定"。

（三）通信参数
操作步骤同"定值整定"。

六、掌握下载 CID/CCD 文件

在菜单栏中点击"下载 CID/CCD"按钮，用户选择需要下载的文件进行下载，如图 1-32 所示。

注意：在下载 CID/CCD 文件前，请将功能压板中的装置检修软压板投上。

图 1-32　选择 CID/CCD 文件

随后弹出密码校验窗口，核对操作名称后输入用户名和密码，点击"OK"键，界面显示下载 CID/CCD 文件成果，如图 1-33 所示。

图 1-33　下载 CID/CCD 文件成功显示界面

七、掌握查看波形文件

智能管理单元支持对所接入保护装置的故障录波文件列表及故障录波文件进行召唤，并对故障录波文件进行波形分析。

在菜单栏中点击"查看波形"按钮。在读出的录波文件列表中选择所需波形文件名，右键弹出下拉框"查看录波文件""查看故障报告""打印录波报告"，如图1-34所示。

图 1-34　选择录波文件并查看

选择"查看录波文件"，进入故障分析软件界面。

八、掌握带负荷试验

智能管理单元能对带负荷试验提供支持，如图 1-35 所示。对线路保

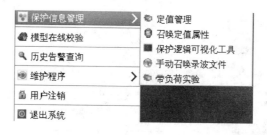

图 1-35　智能管理单元带负荷试验菜单

护，应能显示线路间隔的三相电压、电流的幅值、相位，以功角关系法原理图形式显示。对母线保护，应能显示母线各间隔的三相电压、电流的幅值、相位，以功角关系法原理图形式显示。对变压器保护，应能显示主变压器各侧的三相电压、电流的幅值、相位，以功角关系法原理图形式显示。带负荷试验一次通压通流如图 1-36 所示，带负荷试验电流、电压幅值、相位及极性判别如图 1-37 所示。

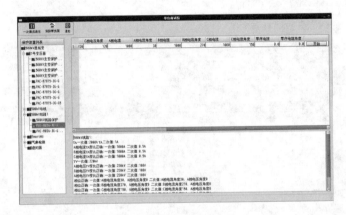

图 1-36　带负荷试验一次通压通流示例

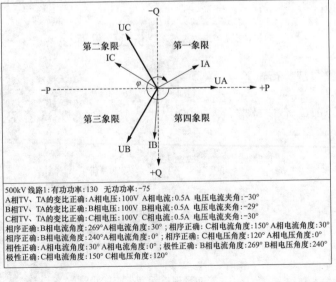

图 1-37　带负荷试验电流电压幅值、相位及极性判别示例

任务三 备 份 管 理

【任务描述】

本任务主要讲解就地化智能管理单元的备份管理功能。通过介绍管理单元的备份管理方法以及示例，了解就地化保护设备更换时，如何进行保护装置配置文件备份和文件恢复操作。

【知识要点】

（1）了解备份管理应用场景。
（2）掌握一键式备份。
（3）掌握一键式下装。

【技能要领】

一、了解备份管理应用场景

智能管理单元支持对就地化保护的备份区管理、一键式备份和一键式下装操作，且一键式备份和下装不需投入检修压板。备份管理应用场景见表1-2。

表 1-2 一键式备份管理应用场景

序号	操作	功能	场景
1	一键式备份	从保护装置中获取备份文件	保护投运时和投运后需要备份时
2	一键式下装	将备份的配置文件下装到保护	更换保护时

二、掌握一键式备份

为保证就地化保护设备更换方便简单，在就地化保护安装完成后须对保护设备相关的参数进行备份。备份文件包括 CID、CCD、工程参数、压

23

板、定值等。智能管理单元发送启动备份命令，装置应答后启动备份，将需备份的所有内容形成一个数据文件后，上送备份文件生成报告。智能管理单元以 MMS 文件服务召唤备份数据文件，数据文件召唤路径为/configuration/backup.pkg，其中的时标为备份文件的生成时间。备份完成后智能管理单元具有报告提示。一键式备份操作界面如图 1-38 所示。

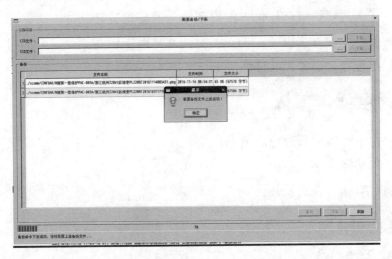

图 1-38　一键式备份操作界面示例

操作步骤：点击"备份"按钮，向装置发送启动备份命令，成功后会弹出提示框。

三、掌握一键式下装

设备维护或整体更换时，从智能管理单元中获取装置的备份文件，一键式下装到装置。重启装置，装置就可以正常工作。一键式下装采用 MMS 文件服务，路径同一键式备份路径。装置应能对下装的配置文件正确性进行校核，校核正确后装置自动重启使配置生效。下装备份解析成功状态、下装备份解析失败状态智能管理单元应有报告提示。智能管理单元应具备对下装异常情况的处理能力。一键式下装操作界面示例如图 1-39 所示。

操作步骤：点击"下装"按钮，系统开始向装置下装备份文件，下装完成后会弹出提示框。

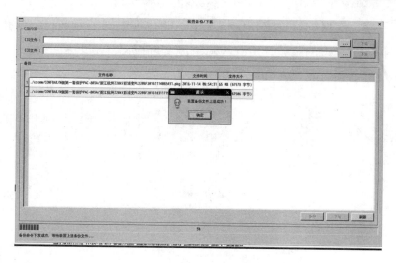

图 1-39 一键式下装操作界面示例

任务四 故障信息管理

≫【任务描述】

本任务主要讲解就地化智能管理单元的故障信息管理功能。通过介绍管理单元的故障录波召唤及波形分析方法以及示例，了解就地化保护设备保护动作时，如何进行事故波形调取及事故分析。

≫【知识要点】

（1）熟悉故障录波调取。
（2）掌握故障录波分析。

≫【技能要领】

一、熟悉故障录波调取

智能管理单元能对所接入保护装置的故障录波文件列表及故障录波文

件进行召唤。在保护装置支持的情况下，能召唤中间节点文件，能主动召唤有保护出口标识的录波。所有故障录波文件以 COMTRADE 格式传送及存储。录波文件召唤界面如图 1-40 所示。

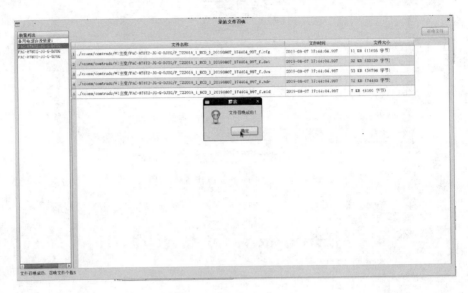

图 1-40 录波文件召唤界面示例

二、掌握故障录波分析

智能管理单元能对故障录波文件进行波形分析；能以多种颜色显示各个通道的波形、名称、有效值、瞬时值、开关量状态，能对单个或全部通道的波形进行放大缩小操作，能对波形进行标注，能局部或全部打印波形，能自定义显示的通道个数，能显示双游标，能正确显示变频分段录波文件，能进行向量、谐波以及阻抗分析，如图 1-41 所示。

智能管理单元能自动收集厂站内一次故障的相关信息，整合为故障报告。内容包括一二次设备名称、故障时间、故障序号、故障区域、故障相别、录波文件名称等，如图 1-42 所示。

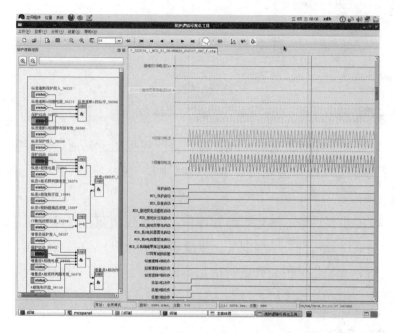

图1-41 智能管理单元波形分析示例

图1-42 智能管理单元整合故障报告示例

任务五　远　程　功　能

》【任务描述】

　　远程功能是指智能管理单元具备支持所连接的主站通过其对就地化保护装置进行远方操作的功能，主要包括主动上送、信息召唤、远方操作功能。

　　本任务主要讲解就地化智能管理单元的远程功能。通过介绍管理单元的远程功能以及示例，了解现场运维或者就地化保护设备跳闸时，如何在后台主站对就地化保护装置进行信息查看、报告分析、投退压板及定值修改等操作。

》【知识要点】

　　（1）主动上送。

　　（2）信息召唤。

　　（3）远方操作。

》【技能要领】

一、了解主动上送

　　保护事件、告警、开关量变化、通信状态变化、定值区变化、定值不一致、配置不一致等突发信息应主动上送给站控层设备；故障录波文件（包括中间节点文件）应主动发送提示信息给站控层设备，并在站控层设备召唤时上送文件；智能管理单元应能够同时向多个站控层设备传送信息。支持按照不同站控层设备定制信息的要求发送不同信息。智能管理单元发送信息给Ⅰ区网关机时，需自动整合元件保护多子机的信息，如图1-43所示。

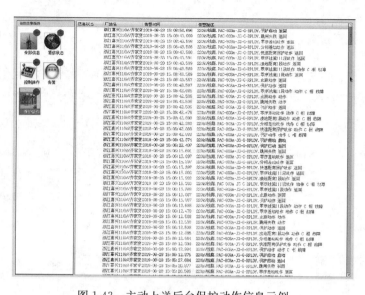

图 1-43 主动上送后台保护动作信息示例

二、熟悉信息召唤

智能管理单元支持站控层设备召唤模拟量数据、定值数据、历史数据及其他文件，如图 1-44 所示。

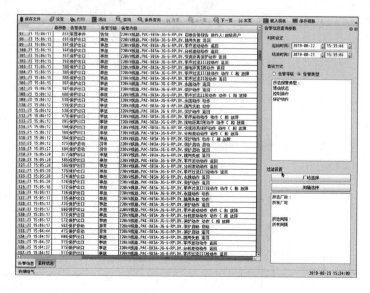

图 1-44 站控层设备召唤历史数据示例

三、远方操作

远方操作的范围包括投退保护功能软压板、召唤保护装置定值和切换保护装置定值区。当智能管理单元上为保护设置的远方/就地软压板处于"远方"状态时，智能管理单元支持调度端通过数据通信网关机对保护进行远方操作，同时禁止在管理单元操作投退软压板、修改定值和切换定值区。对元件保护进行远方操作的命令由智能管理单元自动转发到所有通信正常的子机，所有子机均操作成功才认为操作成功，有任何一个子机操作失败则总的结果为操作失败，如图 1-45 所示。

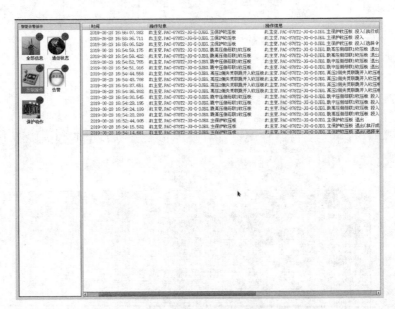

图 1-45　站控层设备远方操作压板报文示例

任务六　继电保护运行巡视

>> 【任务描述】

本任务主要讲解就地化智能管理单元的继电保护运行巡视功能。通过介绍管理单元的继电保护运行巡视功能以及示例，了解现场运维时，如何在后台主站对就地化保护设备进行日常巡视工作。

≫【知识要点】

（1）了解继电保护运行巡视功能。

（2）掌握继电保护日常巡视方法。

≫【技能要领】

一、了解继电保护远方巡视功能

智能管理单元具备就地化保护设备的所有信息，可以对设备的日常巡视工作形成支撑。

根据日常巡视的工作内容，智能管理单元对运行巡视功能的支撑主要包括以下方面内容：

（1）支持对装置温度、电源电压、过程层端口发送/接收光强和光纤纵联通道光强等在线监测模拟量数据的越限告警和历史数据查询功能，并以图形展示，预警值可根据现场要求设置。

（2）对变电站内就地化保护装置进行定期巡视，并每天生成一次巡视报告。巡视时间支持设置，缺省时间为每天 8：00。巡视报告支持可查询，并可在智能管理单元中保存 1 年。巡视报告应包括下列内容：

1）主变压器保护、母线保护、线路光纤差动保护差流实时报告；

2）保护功能退出实时报告；

3）保护功能状态；

4）巡视时刻前 24h 内保护动作报告；

5）巡视时刻前 24h 时内保护缺陷报告；

6）巡视时刻前 24h 内温度、电源电压、光强等保护状态监测模拟量值，按间隔 15min 采样存储。

二、掌握继电保护日常巡视方法

巡视报告文件采用 XML 格式存储，使用 UTF-8 格式编码，文件放入 \data_report 目录下。文件命名为"datareport_yyyyMMdd_hhmmss. xml"，其中的"yyyyMMdd_ hhmmss"表示巡视报告的生成时间（年月日时分秒），年为 4 位数字，月、日、时、分、秒均为 2 位数字。巡视报告文件如图 1-46 所示。

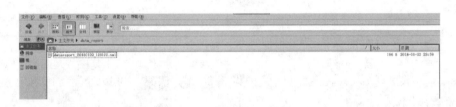

图 1-46　巡视报告文件示例

巡视报告文件按保护装置组织数据，数据内容分成如下 6 个部分：

（1）差流信息：在文件生成时刻的保护差流值。

（2）功能压板退出信息：在文件生成时刻处于退出状态的保护功能压板列表，对应保护压板状态数据集（dsRelayEna）。

（3）功能状态信息：在文件生成时刻的保护功能状态，对应保护装置状态数据集（dsRelayState）的当前值。

（4）保护动作信息：在过去 24h 内保护的动作信息记录，对应动作信息数据集（dsMgrTripInfo）的变化。

（5）保护告警信息：在过去 24h 内保护的告警信息记录，对应告警数据集（dsMgrAlarm）的变化。

（6）状态监测模拟量信息：在过去 24h 内保护的状态监测模拟量采样信息，对应保护状态监测模拟量数据集（dsMgrMon）。

每 15min 为一个采样周期。默认以整点为采样点，如 00：00：00、00：15：00 等。就地化保护装置检修期间或智能管理单元与就地化保护装置通信中断期间，保护装置的状态监测模拟量不写入巡视报告文件。

第二章

220kV就地化线路保护调试

项目一

NSR-303就地化线路保护调试

【项目描述】

本项目包含模拟量检查、开关量检查、功能校验、整组传动等内容。本项目编排以《继电保护和电网安全自动装置检验规程》（DL/T 995—2016）为依据，融合了变电二次现场作业管理规范和实际作业情况等内容。通过本项目的学习，了解就地化线路保护工作原理，熟悉就地化线路保护装置回路，掌握常规校验项目。

任务一 调 试 准 备

【任务描述】

本任务通过讲解 NSR-303 就地化线路保护现场设备组成、回路特点，熟悉需调试的就地化保护设备并做好相关准备工作。

【知识要点】

（1）连接器定义。
（2）智能管理单元。
（3）回路构成。

【技能要领】

一、掌握连接器定义

就地化保护采用标准的航空插头，航插采用 IP67 等级的防护水平，防尘防水，航插将开入、开出、交流和光纤等密集排放在插座和插头内，占用空间大幅缩小，安装和更换方便，每个航插都应有色带标识和硬件防误措施，每台装置的各个航插不能交叉连接，从根本上防止了插错位置的可能，对于航插的排布顺序以及每个航插中的插针定义应该有明确的标准要求，220kV 就地化线路保护装置共配置 4 个航插，从左到右依次定义为电源＋开入、开出、光纤、交流采样。装置尺寸及连接器排布如图 2-1 所示。220kV 及以上双母接线常规互感器接入就地化线路保护专用连接器定义、排布和芯数如表 2-1 所示。双母接线线路保护专用连接器端子定义详见附录 B 表 B.1。

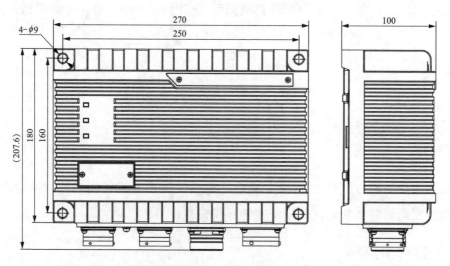

图 2-1　220kV 线路保护装置尺寸及专用连接器布置示意（单位：mm）

表 2-1　　　　　　　　220kV 及以上双母接线线路保护专用连接器表

序号	项目	电源＋开入	开出	光纤	电流＋电压
1	导线截面积（mm²）	1.5	1.5	芯径：单模 0.9μm，多模 62.5μm	2.5
2	已用芯数	8	11	4 单模＋8 多模	12
3	航插芯数	16	16	16（12 芯多模＋4 芯单模）	12（6 芯电流带自短接＋6 芯电压）

注　光纤为成对光纤。

二、了解智能管理单元

智能管理单元对就地化保护装置进行智能管理，整合元件保护各子机信息，通过代理服务实现站控层设备与就地化保护的信息交互，完成装置界面展示、操作管理、备份管理、信息存储、故障信息管理、远程等功能。

三、熟悉回路构成

220kV 线路间隔单套配置就地化线路保护和就地操作箱，采用电缆直接采样、电缆直接跳闸方式，并在保护装置内转换成数字量接入保护专网对外通信。智能管理单元通过保护专网实现对保护装置的信息采集及操作控制。

在现场调试时，模拟量、开入量的输入均需在就地化保护屏相关端子排完成，而采样值检查、开关量检查、定值整定及软压板投退均通过智能管理单元实现，这是就地化保护在现场调试中与传统保护装置差异之处。就地化线路保护网络结构如图 2-2 所示。

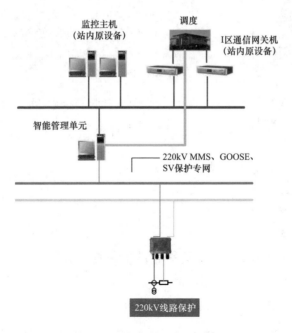

图 2-2　220kV 就地化线路保护网络结构

任务二 模拟量检查

》【任务描述】

本任务主要讲解模拟量检查内容。通过端子排加入模拟量，经过连接器在管理单元查看采样值，熟悉连接器与管理单元，熟悉使用常规继电保护测试仪对保护装置进行加量，了解零漂检查、模拟量幅值线性度检验、模拟量相对特性校验的意义和操作流程。

》【知识要点】

(1) 交流回路检查。
(2) 模拟量查看及采样特性检查。

》【技能要领】

一、交流回路检查

对照图纸检查交流电压回路、交流电流回路接线完整，绝缘测试良好，并结合模拟量检查确认采样通道与智能管理单元间的对应关系正确。

二、模拟量查看及采样特性检查

(一) 零漂检查方法

1. 测试方法

端子上不加模拟量时，从智能管理单元查看装置采样的电流、电压零漂值。

2. 合格判据（依据标准）

根据《继电保护和安全自动装置通用技术条件》（DL/T 478—2013）要求：电流相对误差不大于 2.5% 或绝对误差不大于 $0.01I_N$；电压相对误

差不大于 2.5%或绝对误差不大于 0.002U_N。

3. 测试实例

智能管理单元中模拟量采样零漂显示值如图 2-3 所示。

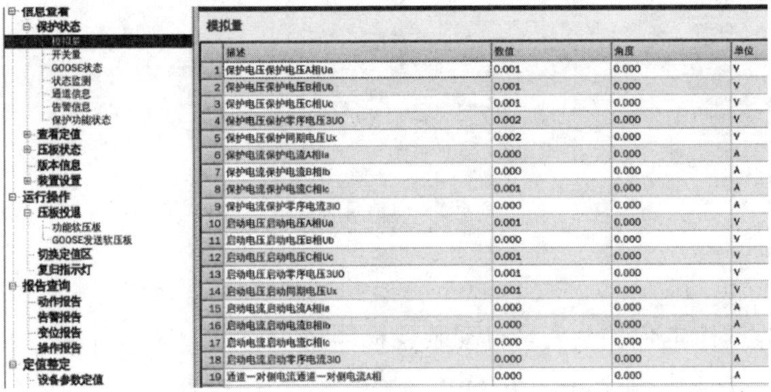

	描述	数值	角度	单位
1	保护电压保护电压A相Ua	0.001	0.000	V
2	保护电压保护电压B相Ub	0.001	0.000	V
3	保护电压保护电压C相Uc	0.001	0.000	V
4	保护电压保护零序电压3U0	0.002	0.000	V
5	保护电压保护同期电压Ux	0.002	0.000	V
6	保护电流保护电流A相Ia	0.000	0.000	A
7	保护电流保护电流B相Ib	0.000	0.000	A
8	保护电流保护电流C相Ic	0.001	0.000	A
9	保护电流保护零序电流3I0	0.000	0.000	A
10	启动电压启动电压A相Ua	0.001	0.000	V
11	启动电压启动电压B相Ub	0.000	0.000	V
12	启动电压启动电压C相Uc	0.001	0.000	V
13	启动电压启动零序电压3U0	0.001	0.000	V
14	启动电压启动同期电压Ux	0.001	0.000	V
15	启动电流启动电流A相Ia	0.000	0.000	A
16	启动电流启动电流B相Ib	0.000	0.000	A
17	启动电流启动电流C相Ic	0.000	0.000	A
18	启动电流启动零序电流3I0	0.000	0.000	A
19	通道一对侧电流通道一对侧电流A相	0.000	0.000	A

图 2-3 模拟量采样值零漂显示值

（二）幅值特性检验

1. 测试方法

（1）在交流电压测试时用测试仪为保护装置输入电压，用同时加对称正序三相电压方法检验采样数据，交流电压分别为 1、5、30、60V。

（2）在电流测试时可以用测试仪为保护装置输入电流，用同时施加对称正序三相电流方法检验采样数据，电流分别为 0.05 I_N、0.1 I_N、2 I_N、5 I_N。

2. 合格判据

根据《继电保护和安全自动装置通用技术条件》（DL/T 478—2013）要求：在 0.05I_N～20I_N 范围内，电流相对误差不大于 2.5%或绝对误差不大于 0.01I_N；在 0.01U_N～1.5U_N 范围内，电压相对误差不大于 2.5%或绝对误差不大于 0.002U_N。模拟量采样值如图 2-4 所示。

（三）相位特性检验

1. 测试方法

通过测试仪在端子排施加 0.1 I_N 电流、U_N 电压值，调节电流、电压相位分别为 0°、120°。

	描述	数值	角度	单位
1	保护电压保护电压A相Ua	60.066	0.000	V
2	保护电压保护电压B相Ub	60.069	240.017	V
3	保护电压保护电压C相Uc	60.090	120.048	V
4	保护电压保护零序电压3U0	0.000	0.000	V
5	保护电压保护同期电压Ux	0.002	31.736	V
6	保护电流保护电流A相Ia	2.000	0.000	A
7	保护电流保护电流B相Ib	1.999	0.000	A
8	保护电流保护电流C相Ic	2.003	0.000	A
9	保护电流保护零序电流3I0	0.003	0.000	A
10	启动电压启动电压A相Ua	60.077	0.000	V
11	启动电压启动电压B相Ub	60.080	0.000	V
12	启动电压启动电压C相Uc	60.094	0.000	V
13	启动电压启动零序电压3U0	0.000	0.000	V
14	启动电压启动同期电压Ux	0.001	0.000	V
15	启动电流启动电流A相Ia	1.999	0.000	A
16	启动电流启动电流B相Ib	2.000	0.000	A
17	启动电流启动电流C相Ic	2.002	0.000	A

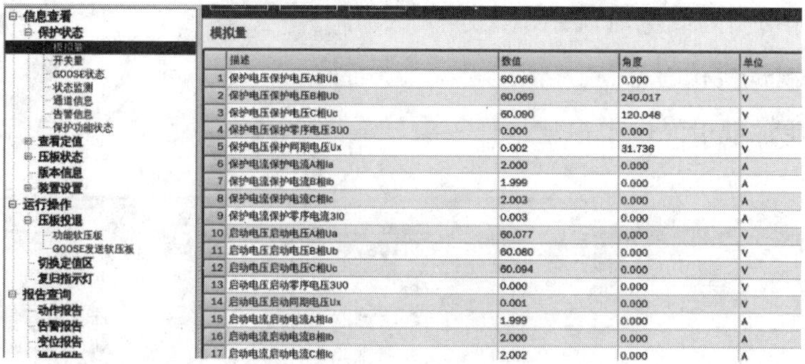

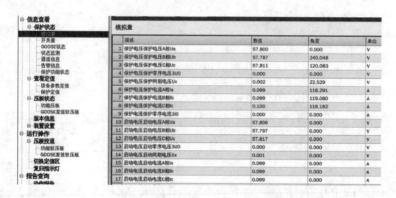

图 2-4　模拟量采样值

2. 合格判据

根据《继电保护及安全自动装置检测技术规范　第 2 部分：继电保护装置　专用功能测试》（Q/GDW 11056.2—2013）要求，方向元件动作边界允许误差为±3°，如图 2-5 所示。

	描述	数值	角度	单位
1	保护电压保护电压A相Ua	57.800	0.000	V
2	保护电压保护电压B相Ub	57.787	240.048	V
3	保护电压保护电压C相Uc	57.811	120.083	V
4	保护电压保护零序电压3U0	0.000	0.000	V
5	保护电压保护同期电压Ux	0.002	22.529	V
6	保护电流保护电流A相Ia	0.099	118.291	A
7	保护电流保护电流B相Ib	0.099	119.080	A
8	保护电流保护电流C相Ic	0.100	118.182	A
9	保护电流保护零序电流3I0	0.000	0.000	A
10	启动电压启动电压A相Ua	57.806	0.000	V
11	启动电压启动电压B相Ub	57.797	0.000	V
12	启动电压启动电压C相Uc	57.817	0.000	V
13	启动电压启动零序电压3U0	0.000	0.000	V
14	启动电压启动同期电压Ux	0.001	0.000	V
15	启动电流启动电流A相Ia	0.099	0.000	A
16	启动电流启动电流B相Ib	0.099	0.000	A
17	启动电流启动电流C相Ic	0.099	0.000	A

图 2-5　模拟量采样相位误差（在 2.5%以内）

任务三　开入量检查

【任务描述】

本任务主要讲解开关量检查内容。通过对保护装置、保护专网以及管理单元的操作，了解装置开入开出的原理及功能。

【知识要点】

（1）三相开关位置。

（2）闭锁重合闸。

（3）低气压闭锁重合闸。

（4）其他保护动作。

（5）检修状态开入。

【技能要领】

一、三相开关位置检查

1. 测试方法

（1）退出开关"三相不一致"跳闸功能。

（2）通过操作开关依次变化 A 相、B 相、C 相位置。

（3）在智能管理单元中"开关量"一栏依次检查开关位置变位情况。

2. 合格判据

智能管理单元"开关量"中开关位置变位情况（见图 2-6），与现场开关实际状态应对应一致。

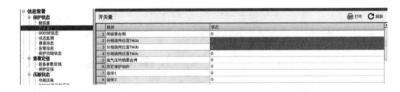

图 2-6　断路器仅有 C 相开关合位

二、闭锁重合闸开入检查

1. 测试方法

（1）通过保护开入量端子排向保护装置模拟开入"闭锁重合闸"。

（2）在智能管理单元中"开关量"一栏检查"闭锁重合闸"变位情况。

2. 合格判据

智能管理单元"开关量"中"闭锁重合闸"信号变位情况如图 2-7 所示，"闭锁重合闸"可靠开入。

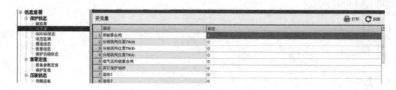

图 2-7　闭锁重合闸开入变位

三、低气压闭锁重合闸开入检查

1. 测试方法

（1）通过保护开入量端子排向保护装置模拟开入"低气压闭锁重合闸"。

（2）在智能管理单元中"开关量"一栏检查"低气压闭锁重合闸"变位情况。

2. 合格判据

智能管理单元"开关量"中"低气压闭锁重合闸"信号变位情况如图 2-8 所示，"低气压闭锁重合闸"可靠开入。

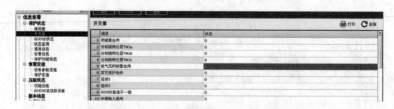

图 2-8　低气压闭锁重合闸开入变位

四、其他保护开入检查

1. 测试方法

（1）通过智能测试仪在保护专网上模拟母差保护向线路保护开入"母

差保护动作"。

（2）在智能管理单元中"开关量"一栏检查"其他保护动作"变位情况。

2. 合格判据

智能管理单元"开关量"中"其他保护动作"信号变位情况如图 2-9 所示，与智能测试仪上所加的开关量对应关系一致。

图 2-9 其他保护动作开入变位

五、检修压板开入检查

1. 测试方法

（1）在智能管理单元"运行操作"界面操作"功能软压板"，将"装置检修软压板"投入，如图 2-10 所示。

图 2-10 装置检修软压板操作界面

（2）在智能管理单元"信息查看"中"压板状态"一栏检查"装置检修软压板"变位情况，如图 2-11 所示。

图 2-11　装置检修软压板功能显示界面

（3）在智能管理单元"运行操作"中"告警信息"一栏检查检修压板投入后装置告警信息。

2. 合格判据

智能管理单元中操作"装置检修软压板"后，在"压板状态"中看到"装置检修软压板"可靠变位，同时告警信息中也有"检修状态"投入相关告警信号。

任务四　功　能　校　验

▶【任务描述】

本任务主要讲解定值核对及功能校验内容。通过对保护装置定值功能的使用，熟练掌握查看、修改定值的操作；通过线路保护校验，熟悉线路保护的动作原理及特征，掌握纵差保护、距离保护和零序保护的调试方法。

▶【知识要点】

（1）定值单核对。

（2）纵联电流差动保护定值校验。

（3）距离保护校验。

（4）工频变化量距离保护校验。

（5）零序过电流保护校验。

（6）交流电压回路断线时保护校验。

（7）重合闸功能校验。

（8）过负荷告警检验。

≫【技能要领】

一、定值核对

将最新的标准整定单与智能管理单元中的定值参数进行一一核对。注意定值整定范围，调试时切勿超出范围。

二、纵联电流差动保护定值检验

（一）保护原理

差动保护作为线路的主保护，能快速切除线路故障，本装置有工频变化量差动、相电流差动和零序差动等功能，以下以相电流差动为例。

（二）测试方法

（1）用尾纤将保护装置纵联通道自环。

（2）在智能管理单元中投入差动保护软压板、控制字。

（3）在智能管理单元中将"本侧识别码"和"对侧识别码"设置成同一数值。

（4）用测试仪分别模拟单相故障与相间故障，故障电流设置为 $I = m \times 0.5 \times I_{zd}$（0.5 为自环模式）。

当 $m = 0.95$ 时，保护可靠不动作；当 $m = 1.05$ 时，保护可靠动作；当 $m = 2$ 时，测试保护动作时间。

（三）测试实例

模拟 A 相接地电流为 1.05 倍定值时保护动作情况。根据保护装置的整定值（设差动定值为 2A，单相重合闸时间 1s，装置通道自环，两侧识别码一致），计算出故障电流 1.05A，故障时间 50ms。装置故障加量如表 2-2 所示。

表 2-2　　　　　　　　　　　模拟 A 相瞬时性接地时故障加量

状态	名称	幅值	名称	幅值
故障状态	U_a	20V∠0°	I_a	1.05A∠−70°
	U_b	57.7V∠−120°	I_b	0
	U_c	57.7V∠120°	I_c	0
	故障时间		50ms	

智能管理单元中差动保护动作报文如图 2-12 所示。

图 2-12　模拟 A 相接地时差动保护动作实例

三、距离保护检验

（一）保护原理

距离保护为 220kV 线路的后备保护，接地距离与相间距离保护各有三段。距离保护Ⅰ、Ⅱ段采用正序电压作为极化电压，距离保护Ⅲ段的正反向动作特性在阻抗平面。

模拟单相接地故障时，故障电压 $U=m×(1+k_z)×I×Z_{zd}$（Z_{zd} 为距离保护整定值，I 为故障电流，k_z 为零序补偿系数）。

模拟相间故障时，故障电压 $U=m×2×I×Z_{zd}$（Z_{zd} 为距离保护整定值，I 为故障电流）。

（二）测试方法

（1）在智能管理单元投入距离保护功能软压板。

（2）在智能管理单元投入各段保护相关控制字，并记录各段定值。

（3）用测试仪加入正常态电压电流，使 TV 断线复归。

（4）模拟正向故障，当 $m=0.95$ 时，保护可靠动作；$m=1.05$ 时，保护可靠不动作；$m=0.7$ 时，测试保护动作时间。

（三）测试实例

模拟阻抗为 0.95 倍定值时三相接地短路故障时保护动作情况。根据保护装置的整定值（设距离定值为 1Ω），设定故障电流为 5A，故障电压为 19V，故障时间设定为 550ms。装置故障加量如表 2-3 所示。

表 2-3 模拟三相短路时故障加量

状态	名称	幅值	名称	幅值
故障状态	U_a	19V∠0°	I_a	5A∠−70°
	U_b	19V∠−120°	I_b	5A∠−190°
	U_c	19V∠120°	I_c	5A∠50°
故障时间			550ms	

智能管理单元中保护动作报文如图 2-13 所示。

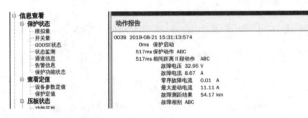

图 2-13 模拟三相短路时距离保护动作实例

四、工频变化量距离保护

（一）保护原理

工频变化量能灵敏反应线路故障，是处理线路近区故障的快速主保护。

模拟单相接地故障时，故障电压满足：$U=(1+K)\mathrm{ID}Z_{set}+(1-1.05m)U_N$。

模拟相间短路故障时，故障电压满足：$U=2\mathrm{ID}Z_{set}+(1-1.05m)\sqrt{3}U_N$

（二）测试方法

（1）投入距离保护功能压板。

（2）投入工频变化量距离保护相关控制字。

（3）用测试仪加入正常态电压电流，使 TV 断线复归。

（4）工频变化量距离保护在 $m=1.1$ 时应可靠动作；在 $m=0.9$ 时应可靠不动作；在 $m=1.2$ 时，测量保护动作时间。

五、零序过电流保护检验

（一）保护原理

零序过电流保护为线路的后备保护，主要反映线路不对称故障。零序过电流Ⅱ段固定受零序正方向元件控制，零序过电流Ⅲ段可经控制字选择是否受零序正方向元件控制。TV 断线后，零序过电流Ⅱ段退出，零序过电流Ⅲ段不经方向元件控制。

（二）测试方法

（1）投入零序保护功能压板。

（2）投入各段零序保护相关控制字。

（3）用测试仪加入正常态电压电流，使 TV 断线复归。

（4）模拟单相接地故障，当电流为 0.95 倍定值时保护可靠不动作，1.05 倍定值时可靠动作，1.2 倍定值时测定动作时间。

（5）零序过电流保护灵敏角和动作区校验，加入单相故障电流，达到 1.05 倍零序电流定值，调整电流角度，满足方向元件开放条件，验证零序过电流保护动作边界，计算灵敏角。

（三）测试实例

模拟故障电流为 1.2 倍零序Ⅱ段定值的 B 相永久性接地故障时保护动作情况。根据保护装置的整定值（设零序Ⅱ段定值为 4A），设定故障电流 4.8A，故障电压为 10V，以"保护动作"作为状态切换。装置各状态加量如表 2-4 所示。

表 2-4　　　　　　　　模拟 B 相永久性接地故障时各状态加量

状态	名称	幅值	名称	幅值
状态一	U_a	57.7V∠0°	I_a	0
	U_b	57.7V∠−120°	I_b	0
	U_c	57.7V∠−120°	I_c	0

续表

状态	名称	幅值	名称	幅值
状态二	U_a	57.7V∠0°	I_a	0
	U_b	10V∠−120°	I_b	4.8A∠−190°
	U_c	57.7V∠120°	I_c	0
状态时间			350ms	
状态	名称	幅值	名称	幅值
状态三	U_a	57.7V∠0°	I_a	0
	U_b	57.7V∠−120°	I_b	0
	U_c	57.7V∠−120°	I_c	0
状态四	U_a	57.7V∠0°	I_a	0
	U_b	10V∠−120°	I_b	4.8A∠−190°
	U_c	57.7V∠120°	I_c	0
状态时间			200ms	

智能管理单元中零序保护动作报文如图 2-14 所示。

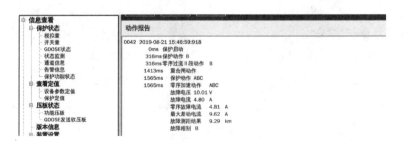

图 2-14　模拟 B 相接地时零序过电流保护动作实例

六、交流电压回路断线时保护检验

(一) 保护原理

交流电压出现以下情况时，保护装置判 TV 断线并闭锁工频变化量保护、距离保护及部分零序过电流保护功能。开放 TV 断线过电流保护，一般有 TV 断线相过电流保护和 TV 断线零序过电流保护。

（1）三相电压相量和大于 8V，保护不启动，延时 1.25s 发告警信号。

（2）三相电压相量和小于 8V，但正序电压小于 33V 延时 1.25s 发告警信号。

（3）保护电压 3 次谐波过量，延时 10s 发告警信号。

（二）测试方法

（1）投入距离或零序保护功能压板。

（2）投入距离或零序保护控制字。

（3）用测试仪模拟三相短路，TV 断线过电流保护在 0.95 倍定值时保护可靠不动作；在 1.05 倍定值时，应可靠动作；在 1.2 倍定值时，测量保护动作时间。

（4）用测试仪模拟单相短路，TV 断线零序过电流保护在 0.95 倍定值时保护可靠不动作；在 1.05 倍定值时应可靠动作；在 1.2 倍定值时，测量保护动作时间。

七、TA 断线闭锁功能

（一）保护原理

交流电流出现 TA 断线时，保护装置判 TA 断线并闭锁差动保护、零序保护和三相不一致保护。主保护不考虑 TA、TV 断线同时出现，不考虑无流元件 TV 断线，不考虑三相电流对称情况下中性线断线，不考虑两相、三相断线，不考虑多个元件同时发生 TA 断线，不考虑 TA 断线和一次故障同时出现。

（二）测试方法

1. TA 断线闭锁差动保护

投入纵联差动保护软压板，投入纵联差动保护、TA 断线闭锁差动控制字，差动动作电流定值大于 TA 断线定值。模拟单相 TA 断线使装置发出 TA 断线告警，分别模拟断线相和非断线相区内故障，检查零序差动保护、分相差动保护是否动作；将 TA 断线闭锁差动控制字整为 0，模拟单相 TA 断线至装置告警，再模拟断线相故障，检查分相差动保护动作电流和动作时间，并检查零序差动保护是否动作。

2. TA断线闭锁后备零序保护

零序过电流保护软压板和控制字均整为1，零序反时限控制字置1，零序Ⅱ段、零序Ⅲ段、零序加速段、零序反时限动作值整定大于TA断线定值。模拟单相TA断线使装置发出TA断线告警，改变非断线相电流到满足所有后备零序保护动作条件，查看后备零序是否动作。

3. TA断线闭锁三相不一致保护

装置三相不一致控制字和不一致经零负序电流控制字整为1，不一致零序电流整为大于TA断线定值。模拟单相TA断线使装置发出TA断线告警，增大非断线相电流到满足三相不一致动作定值，查看三相不一致是否动作。

八、重合闸功能检验

（一）功能原理

重合闸是220kV线路保护隔离瞬时性故障的重要功能，以浙江电网常用的单相重合闸方式为例进行测试介绍。

（二）测试方法

（1）投入"单相重合闸"控制字。

（2）模拟开关正常合闸位置，等保护"重合运行"灯亮。

（3）模拟单相瞬时性接地故障，等跳令返回后持续时间超过单相重合闸时间后，保护装置应能重合动作。

九、过负荷保护测试

测试方法：

（1）施加0.95倍过负荷告警电流定值的模拟电流，装置无告警。

（2）施加1.05倍过负荷告警电流定值的模拟电流，经过负荷告警时间报"过负荷告警"。

任务五 整组传动

》【任务描述】

本任务主要讲解开关传动，通过开关联动试验，了解保护装置的动作机制，验证保护功能正确性。

》【知识要点】

整组试验是在保护所有功能投入状态下模拟故障，根据保护动作逻辑及开关变位情况，观察保护装置动作情况是否正确。

》【技能要领】

（1）投入差动保护、距离保护、零序保护等所有保护功能。

（2）投入各段差动保护、距离保护、零序保护、重合闸等相关控制字。

（3）确认开关合位，检查出口软压板与硬压板均正常。

（4）首先加入故障前正常状态，使保护 TV 断线复归，重合闸充电完成。

（5）依次模拟各种典型故障，检验各保护功能、重合闸配合及开关传动情况，测定保护动作时间。

一、模拟线路 AB 相间瞬时性短路故障

故障时间设定为 100ms，装置故障加量如表 2-5 所示。

表 2-5　　　　模拟 AB 相间瞬时性短路故障时各状态加量

状态	名称	幅值	名称	幅值
状态一	U_a	57.7V∠0°	I_a	0
	U_b	57.7V∠−120°	I_b	0
	U_c	57.7V∠120°	I_c	0

续表

状态	名称	幅值	名称	幅值
状态二	U_a	38V∠60°	I_a	10A∠60°
	U_b	38V∠−60°	I_b	10A∠−120°
	U_c	57.7V∠120°	I_c	0
故障时间			100ms	

检验各保护动作情况如图 2-15 所示，工频变化量保护、差动保护、相间距离Ⅰ段保护等保护可靠动作。

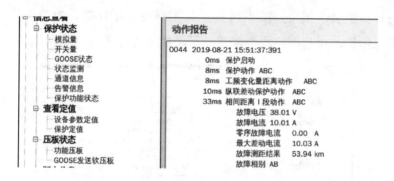

图 2-15 模拟 AB 相瞬时性故障整组动作报文

二、模拟 C 相永久性接地故障

重合闸后加速跳闸，装置故障加量如表 2-6 所示。

表 2-6 模拟 C 相永久性接地故障时各状态加量

状态	名称	幅值	名称	幅值
状态一	U_a	57.7V∠0°	I_a	0
	U_b	57.7V∠−120°	I_b	0
	U_c	57.7V∠120°	I_c	0
状态二	U_a	57.7V∠0°	I_a	0
	U_b	57.7V∠−120°	I_b	0
	U_c	30V∠120°	I_c	5A∠45°
状态时间			50ms	

续表

状态	名称	幅值	名称	幅值
状态三	U_a	57.7V∠0°	I_a	0
	U_b	57.7V∠−120°	I_b	0
	U_c	57.7V∠120°	I_c	0
状态四	U_a	57.7V∠0°	I_a	0
	U_b	57.7V∠−120°	I_b	0
	U_c	30V∠120°	I_c	5A∠45°
状态时间			300ms	

保护整组动作报文如图 2-16 所示，工频变化量保护、差动保护、接地距离Ⅰ段保护及重合闸、距离加速、零序加速等保护均可靠动作。

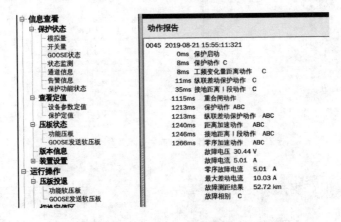

图 2-16　模拟 B 相永久性接地整组动作报文

三、模拟 A 相永久性接地短路故障时开关失灵

故障电流设定为 1200ms，装置故障加量如表 2-7 所示。

表 2-7　　　模拟 A 相永久性接地故障时开关失灵各状态加量

状态	名称	幅值	名称	幅值
状态一	U_a	57.7V∠0°	I_a	0
	U_b	57.7V∠−120°	I_b	0
	U_c	57.7V∠120°	I_c	0

续表

状态	名称	幅值	名称	幅值
状态二	U_a	30V∠0°	I_a	5A∠−75°
	U_b	57.7V∠−120°	I_b	0
	U_c	57.7V∠120°	I_c	0
状态时间			1200ms	

检验各保护动作情况如图 2-17 所示。工频变化量保护、差动保护、接地距离Ⅰ段保护可靠动作后，因开关失灵导致故障电流持续存在，150ms 以后保护启动"单跳失败三跳"逻辑，闭锁重合闸。且在故障电流切除前，零序Ⅱ、Ⅲ段保护和距离Ⅱ、Ⅲ段保护均动作，完整展现整组试验过程。

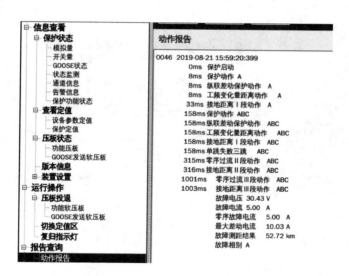

图 2-17　模拟 A 相永久性故障且开关失灵时整组动作报文

项目二

PAC-803就地化线路保护调试

【项目描述】

本项目包含模拟量检查、开关量检查、功能校验、整组传动等内容。本项目编排以《继电保护和电网安全自动装置检验规程》（DL/T 995—2016）为依据，融合了变电二次现场作业管理规范和实际作业情况等内容。通过本项目的学习，了解就地化线路保护工作的原理，熟悉就地化线路保护装置的回路，掌握常规校验项目。

任务一　调　试　准　备

【任务描述】

本任务通过讲解 PAC-803 就地化线路保护现场设备组成、回路特点，熟悉需调试的就地化保护设备并做好相关准备工作。

【知识要点】

（1）连接器定义。
（2）智能管理单元。
（3）回路构成。

【技能要领】

一、掌握连接器定义

就地化保护采用标准的航空插头，航插采用 IP67 等级的防护水平，防尘防水，航插将开入、开出、交流和光纤等密集排放在插座和插头内，占用空间大幅缩小，安装和更换方便，每个航插都应有色带标识和硬件防误措施，每台装置的各个航插不能交叉连接，从根本上防止插错位置的可能。对于航插的排布顺序以及每个航插中的插针定义应该有明确的标准要求，

220kV 就地化线路保护装置共配置四个航插，从左到右依次定义为电源＋开入、开出、光纤、交流采样。装置尺寸及连接器排布如图 2-18 所示。220kV 及以上双母接线常规互感器接入就地化线路保护专用连接器定义、排布和芯数如表 2-8 所示。双母接线线路保护专用连接器端子定义详见附录 B 表 B.1。

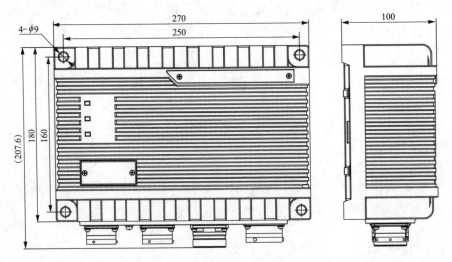

图 2-18　220kV 线路保护装置尺寸及专用连接器布置示意（单位：mm）

表 2-8　　　　　　　220kV 及以上双母接线线路保护专用连接器表

项目	电源＋开入	开出	光纤	电流＋电压
导线截面积（mm²）	1.5	1.5	芯径：单模 0.9μm，多模 62.5μm	2.5
已用芯数	8	11	4 芯单模＋8 芯多模	12
航插芯数	16	16	16（12 芯多模＋4 芯单模）	12（6 芯电流带自短接＋6 芯电压）

注　光纤为成对光纤。

二、了解智能管理单元

智能管理单元对就地化保护装置进行智能管理，整合元件保护各子机信息，通过代理服务实现站控层设备与就地化保护的信息交互，完成装置界面展示、操作管理、备份管理、信息存储、故障信息管理、远程等功能。

三、熟悉回路构成

220kV 线路间隔单套配置就地化线路保护和就地操作箱，采用电缆直接采样、电缆直接跳闸方式，并在保护装置内转换成数字量接入保护专网对外通信。智能管理单元通过保护专网实现对保护装置的信息采集及操作控制。

在现场调试时，模拟量、开入量的输入均需在就地化保护屏相关端子排完成，而采样值检查、开关量检查、定值整定及软压板投退均通过智能管理单元实现，这是就地化保护在现场调试中与传统保护装置差异之处。就地化线路保护网络结构如图 2-19 所示。

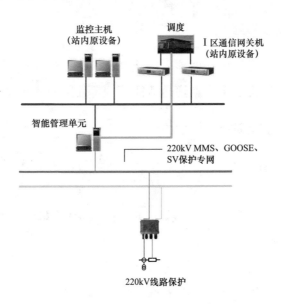

图 2-19　220kV 就地化线路保护网络结构

任务二　模 拟 量 检 查

≫【任务描述】

本任务主要讲解模拟量检查内容。通过端子排加入模拟量，经过连接器在管理单元查看采样值，熟悉连接器与管理单元，熟悉使用常规继电保护测试仪对保护装置进行加量，了解零漂检查、模拟量幅值线性度检验、模拟量相对特性校验的意义和操作流程。

》【知识要点】

（1）交流回路检查。

（2）模拟量查看及采样特性检查。

》【技能要领】

一、交流回路检查

对照图纸检查交流电压回路、交流电流回路接线完整，绝缘测试良好，并结合模拟量检查确认采样通道与智能管理单元间对应关系正确。

二、模拟量查看及采样特性检查

（一）零漂检查方法

1. 测试方法

端子上不加模拟量时，从智能管理单元查看装置采样的电流、电压零漂值。

2. 合格判据

根据《继电保护和安全自动装置通用技术条件》（DL/T 478—2013）要求：电流相对误差不大于 2.5% 或绝对误差不大于 $0.01I_N$；电压相对误差不大于 2.5% 或绝对误差不大于 $0.002U_N$。

3. 测试实例

智能管理单元中启动模拟量和保护模拟量零漂显示值如图 2-20 所示。

（二）幅值特性检验

1. 测试方法

（1）在交流电压测试时用测试仪为保护装置输入电压，用同时加对称正序三相电压方法检验采样数据，交流电压分别为 1、5、30、60V。

图 2-20 模拟量采样值零漂显示值

（2）在电流测试时可以用测试仪为保护装置输入电流，用同时施加对称正序三相电流方法检验采样数据，电流分别为 $0.05I_N$、$0.1I_N$、$2I_N$、$5I_N$。

2. 合格判据

根据《继电保护和安全自动装置通用技术条件》（DL/T 478—2013）要求：在 $0.05I_N \sim 20I_N$ 范围内，电流相对误差不大于 2.5% 或绝对误差不大于 $0.01I_N$；在 $0.01U_N \sim 1.5U_N$ 范围内，电压相对误差不大于 2.5% 或绝对误差不大于 $0.002U_N$。模拟量采样值误差如图 2-21 所示。

图 2-21 模拟量采样值误差（在 1% 以内）

（三）相位特性检验

1. 测试方法

通过测试仪在端子排施加 $0.1I_N$ 电流、U_N 电压值，调节电流、电压相位分别为 0°、120°。

2. 合格判据

根据《继电保护及安全自动装置检测技术规范 第 2 部分：继电保护

装置 专用功能测试》（Q/GDW 11056.2—2013）要求，方向元件动作边界允许误差为±3°，如图 2-22 所示。

图 2-22　模拟量采样相位误差（在 2.5% 以内）

任务三　开入量检查

【任务描述】

本任务主要讲解开关量检查内容。通过对保护装置、保护专网以及管理单元的操作，了解装置开入开出的原理及功能。

【知识要点】

（1）三相开关位置。

（2）闭锁重合闸。

（3）低气压闭锁重合闸。

（4）其他保护动作。

（5）检修状态开入。

【技能要领】

一、三相开关位置检查

1. 测试方法

（1）退出开关"三相不一致"跳闸功能。

（2）通过操作开关依次变化 A 相、B 相、C 相位置。

（3）在智能管理单元中"开关量"一栏依次检查开关位置变位情况。

2. 合格判据

智能管理单元"开关量"中开关位置变位情况（见图 2-23），与现场开关实际状态应对应一致。

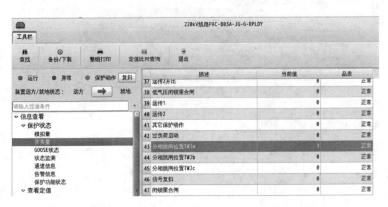

图 2-23　断路器仅有 A 相开关合位

二、闭锁重合闸开入检查

1. 测试方法

（1）通过保护开入量端子排向保护装置模拟开入"闭锁重合闸"。

（2）在智能管理单元中"开关量"一栏检查"闭锁重合闸"变位情况。

2. 合格判据

智能管理单元"开关量"中"闭锁重合闸"信号变位情况如图 2-24 所示，"闭锁重合闸"可靠开入。

三、低气压闭锁重合闸开入检查

1. 测试方法

（1）通过保护开入量端子排向保护装置模拟开入"低气压闭锁重合闸"。

（2）在智能管理单元中"开关量"一栏检查"低气压闭锁重合闸"变位情况。

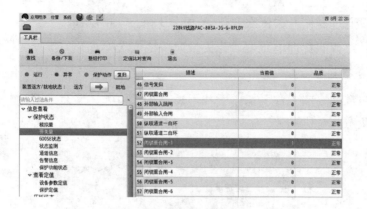

图 2-24　闭锁重合闸开入变位

2. 合格判据

智能管理单元"开关量"中"低气压闭锁重合闸"信号变位情况如图 2-25 所示，"低气压闭锁重合闸"可靠开入。

图 2-25　低气压闭锁重合闸开入变位

四、其他保护开入检查

1. 测试方法

（1）通过智能测试仪在保护专网上模拟母差保护向线路保护开入"母差保护动作"。

（2）在智能管理单元中"开关量"一栏检查"其他保护动作"变位情况。

2. 合格判据

智能管理单元"开关量"中"其他保护动作"信号变位情况如图 2-26 所示，与智能测试仪上所加的开关量对应关系一致。

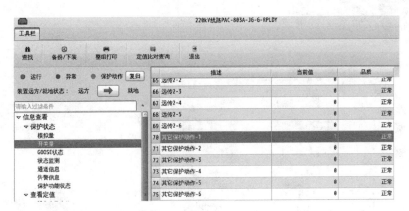

图 2-26 其他保护动作开入变位

五、检修压板开入检查

1. 测试方法

（1）在智能管理单元"运行操作"界面操作"功能软压板"，将"装置检修软压板"投入，如图 2-27 所示。

图 2-27 装置检修软压板操作界面

（2）在智能管理单元"信息查看"中"压板状态"一栏检查"装置检修软压板"变位情况，如图 2-28 所示。

（3）在智能管理单元"运行操作"中"告警信息"一栏检查检修压板投入后装置告警信息。

2. 合格判据

智能管理单元中操作"装置检修软压板"后，在"压板状态"中看到"装置检修软压板"可靠变位，同时告警信息中也有"检修状态"投入相关告警信号，如图 2-29 所示。

图 2-28　装置检修软压板功能显示界面

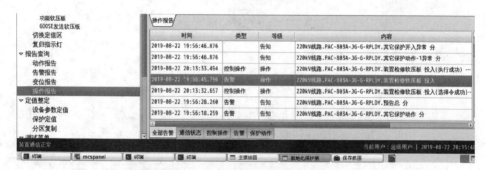

图 2-29　装置检修软压板投入后告警窗界面

任务四　功　能　校　验

》【任务描述】

本任务主要讲解定值核对及功能校验内容。通过对保护装置定值功能的使用，熟练掌握查看、修改定值的操作；通过线路保护校验，熟悉线路保护的动作原理及特征，掌握纵差保护、距离保护和零序保护的调试方法。

》【知识要点】

（1）定值单核对。

（2）纵联电流差动保护定值校验。

（3）距离保护校验。

（4）快速距离保护校验。

（5）零序过电流保护校验。

（6）交流电压回路断线时保护校验。

（7）重合闸功能校验。

（8）过负荷告警检验。

≫【技能要领】

一、定值核对

将最新的标准整定单与智能管理单元中的定值参数进行一一核对，注意定值整定范围，调试时切勿超出范围。

二、纵联电流差动保护定值检验

（一）保护原理

差动保护作为线路的主保护，能快速切除线路故障，本装置有工频变化量差动、相电流差动和零序差动等功能，以下以相电流差动为例。

（二）测试方法

（1）用尾纤将保护装置纵联通道自环。

（2）在智能管理单元中投入差动保护软压板、控制字。

（3）在智能管理单元中将"本侧识别码"和"对侧识别码"设置成同一数值。

（4）用测试仪分别模拟单相故障与相间故障，故障电流设置为 $I = m \times 0.5 \times I_{zd}$（0.5 为自环模式）。

当 $m = 0.95$ 时，保护可靠不动作；当 $m = 1.05$ 时，保护可靠动作；当 $m = 2$ 时，测试保护动作时间。

（三）测试实例

模拟 B 相接地电流为 1.05 倍定值时保护动作情况。根据保护装置的整定值（设差动定值为 2A，单相重合闸时间 1s，装置通道自环，两侧识别码一致），计算出故障电流 1.05A，故障时间 50ms。装置故障加量如表 2-9 所示。

表 2-9　　　　　　　　　　模拟 B 相瞬时性接地时故障加量

状态	名称	幅值	名称	幅值
故障状态	U_a	57.7V∠0°	I_a	0
	U_b	20V∠−120°	I_b	1.05A∠−190°
	U_c	57.7V∠120°	I_c	0
	故障时间			50ms

智能管理单元中差动保护动作报文如图 2-30 所示。

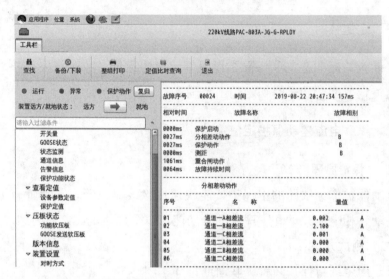

图 2-30　模拟 B 相接地时差动保护动作实例

三、距离保护检验

（一）保护原理

距离保护为 220kV 线路的后备保护，接地距离与相间距离保护各有三段。距离保护Ⅰ、Ⅱ段采用正序电压作为极化电压，距离保护Ⅲ段正反向动作特性在阻抗平面。

模拟单相接地故障时，故障电压 $U = m \times (1 + k_z) \times I \times Z_{zd}$（$Z_{zd}$ 为距离保护整定值，I 为故障电流，k_z 为零序补偿系数）。

模拟相间故障时，故障电压 $U = m \times 2 \times I \times Z_{zd}$（$Z_{zd}$ 为距离保护整定值，I 为故障电流）。

（二）测试方法

（1）在智能管理单元投入距离保护功能软压板。

（2）在智能管理单元投入各段保护相关控制字，并记录各段定值。

（3）用测试仪加入正常态电压电流，使 TV 断线复归。

（4）模拟正向故障，当 $m=0.95$ 时，保护可靠动作；$m=1.05$ 时，保护可靠不动作；$m=0.7$ 时，测试保护动作时间。

（三）测试实例

模拟阻抗为 0.95 倍定值时 A 相接地短路故障时保护动作情况。根据保护装置的整定值（设距离 II 段定值为 1Ω，时间 30ms），设定故障电流 5A，故障电压为 19V，故障时间设定为 50ms。装置故障加量如表 2-10 所示。

表 2-10　　　　　　　　　　模拟 A 相瞬时性接地时故障加量

状态	名称	幅值	名称	幅值
故障状态	U_a	$19V\angle 0°$	I_a	$5A\angle -70°$
	U_b	$57.7\angle -120°$	I_b	0
	U_c	$57.7\angle 120°$	I_c	0
状态时间			50ms	

智能管理单元中保护动作报文如图 2-31 所示。

图 2-31　模拟 A 相接地短路时距离保护动作实例

四、快速距离保护

（一）保护原理

快速能灵敏反应线路故障，是处理线路近区故障的快速主保护。

模拟单相接地故障时故障电压满足：$U=(1+K)\text{ID}Z_{\text{set}}+(1-1.05m)U_{\text{N}}$。

模拟相间短路故障时故障电压满足：$U=2\text{ID}\,Z_{\text{set}}+(1-1.05m)\sqrt{3}U_{\text{N}}$。

（二）测试方法

（1）投入距离保护功能压板。

（2）投入快速距离保护相关控制字。

（3）用测试仪加入正常态电压电流，使 TV 断线复归。

（4）快速距离保护在 $m=1.1$ 时，应可靠动作；在 $m=0.9$ 时，应可靠不动作；在 $m=1.2$ 时，测量保护动作时间。

五、零序过电流保护检验

（一）保护原理

零序过电流保护为线路的后备保护，主要反映线路不对称故障。零序过电流Ⅱ段固定受零序正方向元件控制，零序过电流Ⅲ段可经控制字选择是否受零序正方向元件控制。TV 断线后，零序过电流Ⅱ段退出，零序过电流Ⅲ段不经方向元件控制。

（二）测试方法

（1）投入零序保护功能压板。

（2）投入各段零序保护相关控制字。

（3）用测试仪加入正常态电压电流，使 TV 断线复归。

（4）模拟单相接地故障，当电流为 0.95 倍定值时保护可靠不动作，1.05 倍定值时可靠动作，1.2 倍定值时测定动作时间。

（5）零序过电流保护灵敏角和动作区校验：加入单相故障电流，达到 1.05 倍零序电流定值，调整电流角度，满足方向元件开放条件，验证零序过电流保护动作边界，计算灵敏角。

（三）测试实例

模拟故障电流为 1.2 倍零序Ⅱ段定值的 A 相永久性接地故障时保护动作情况。根据保护装置的整定值（设零序Ⅱ段定值为 4A），设定故障电流 4.8A，故障电压为 10V，以"保护动作"作为状态切换。装置各状态加量如表 2-11 所示。

表 2-11　　　　　　　模拟 A 相永久性接地故障时各状态加量

状态	名称	幅值	名称	幅值
状态一	U_a	57.7V∠0°	I_a	0
	U_b	57.7V∠−120°	I_b	0
	U_c	57.7V∠−120°	I_c	0
状态二	U_a	10V∠0°	I_a	4.8A∠−80°
	U_b	57.7V∠−120°	I_b	0
	U_c	57.7V∠120°	I_c	0
状态时间			550ms	
状态三	U_a	57.7V∠0°	I_a	0
	U_b	57.7V∠−120°	I_b	0
	U_c	57.7V∠−120°	I_c	0
状态四	U_a	10V∠0°	I_a	4.8A∠−80°
	U_b	57.7V∠−120°	I_b	0
	U_c	57.7V∠120°	I_c	0
状态时间			200ms	

智能管理单元中保护动作报文如图 2-32 所示。

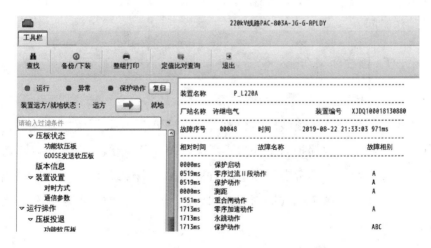

图 2-32　模拟 A 相接地时零序过电流保护动作实例

六、交流电压回路断线时保护检验

（一）保护原理

交流电压出现以下情况时，保护装置判 TV 断线并闭锁工频变化量保护、距离保护及部分零序过电流保护功能。开放 TV 断线过电流保护，一般有 TV 断线相过电流保护和 TV 断线零序过电流保护。

（1）三相电压相量和大于 8V，保护不启动，延时 1.25s 发告警信号；

（2）三相电压相量和小于 8V，但正序电压小于 33V 延时 1.25s 发告警信号；

（3）保护电压 3 次谐波过量，延时 10s 发告警信号。

（二）测试方法

（1）投入距离或零序保护功能压板。

（2）投入距离或零序保护控制字。

（3）用测试仪模拟三相短路，TV 断线过电流保护在 0.95 倍定值时保护可靠不动作；在 1.05 倍定值时，应可靠动作；在 1.2 倍定值时，测量保护动作时间。

（4）用测试仪模拟单相短路，TV 断线零序过电流保护在 0.95 倍定值时保护可靠不动作；在 1.05 倍定值时应可靠动作；在 1.2 倍定值时，测量保护动作时间。

七、TA 断线闭锁功能

（一）保护原理

交流电流出现 TA 断线时，保护装置判 TA 断线并闭锁差动保护、零序保护和三相不一致保护。主保护不考虑 TA、TV 断线同时出现，不考虑无流元件 TA 断线，不考虑三相电流对称情况下中性线断线，不考虑两相、三相断线，不考虑多个元件同时发生 TA 断线，不考虑 TA 断线和一次故障同时出现。

（二）测试方法

1.TA断线闭锁差动保护

投入纵联差动保护软压板，投入纵联差动保护、TA断线闭锁差动控制字，差动动作电流定值大于TA断线定值。模拟单相TA断线使装置发出TA断线告警，分别模拟断线相和非断线相区内故障，检查零差、分相差是否动作；将TA断线闭锁差动控制字整为0，模拟单相TA断线至装置告警，再模拟断线相故障，检查分相差动保护动作电流和动作时间，并检查零差是否动作。

2.TA断线闭锁后备零序保护

零序过电流保护软压板和控制字均整为1，零序反时限控制字置1，零序Ⅱ段、零序Ⅲ段、零序加速段、零序反时限动作值整定大于TA断线定值。模拟单相TA断线使装置发出TA断线告警，改变非断线相电流到满足所有后备零序保护动作条件，查看后备零序是否动作。

3.TA断线闭锁三相不一致保护

装置三相不一致控制字和不一致经零负序电流控制字整为1，不一致零序电流整为大于TA断线定值。模拟单相TA断线使装置发出TA断线告警，增大非断线相电流到满足三相不一致动作定值，查看三相不一致是否动作。

八、重合闸功能检验

（一）功能原理

重合闸是220kV线路保护隔离瞬时性故障的重要功能，以浙江电网常用的"单相重合闸方式"为例进行测试介绍。

（二）测试方法

（1）投入"单相重合闸"控制字。

（2）模拟开关正常合闸位置，等保护"重合运行"灯亮。

（3）模拟单相瞬时性接地故障，等跳令返回后持续时间超过单相重合闸时间后，保护装置应能重合动作。

九、过负荷保护测试

测试方法：

（1）施加 0.95 倍过负荷告警电流定值的模拟电流，装置无告警。

（2）施加 1.05 倍过负荷告警电流定值的模拟电流，经过负荷告警时间报"过负荷告警"。

任务五 整 组 传 动

》【任务描述】

本任务主要讲解开关传动，通过开关联动试验，了解保护装置的动作机制，验证保护功能正确性。

》【知识要点】

整组试验是在保护所有功能投入状态下模拟故障，根据保护动作逻辑及开关变位情况，观察保护装置动作情况是否正确，。

》【技能要领】

（1）投入差动保护、距离保护、零序保护等所有保护功能。

（2）投入各段差动保护、距离保护、零序保护、重合闸等相关控制字。

（3）确认开关合位，检查出口软压板与硬压板均正常。

（4）首先加入故障前正常状态，使保护 TV 断线复归，重合闸充电完成。

（5）依次模拟各种典型故障，检验各保护功能、重合闸配合及开关传动情况，测定保护动作时间。

一、模拟线路 AB 相间瞬时性短路故障

故障时间设定为 100ms，重合闸方式三重模式，装置故障加量如表 2-12

所示。

表 2-12　　　　　　　模拟 AB 相间瞬时性短路故障时各状态加量

状态	名称	幅值	名称	幅值
状态一	U_a	57.7V∠0°	I_a	0
	U_b	57.7V∠−120°	I_b	0
	U_c	57.7V∠120°	I_c	0
状态二	U_a	38V∠60°	I_a	10A∠60°
	U_b	38V∠−60°	I_b	10A∠−120°
	U_c	57.7V∠120°	I_c	0
状态时间			100ms	

检查各保护动作情况如图 2-33 所示，快速距离保护、差动保护、相间距离Ⅰ段保护等保护可靠动作。

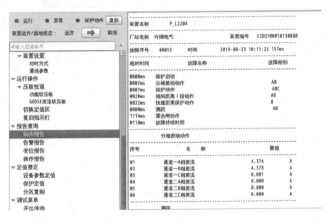

图 2-33　模拟 AB 相瞬时性故障整组动作报文

二、模拟 B 相永久性接地故障

装置故障加量如表 2-13 所示。

表 2-13　　　　　　　模拟 B 相永久性接地故障时各状态加量

状态	名称	幅值	名称	幅值
状态一	U_a	57.7V∠0°	I_a	0
	U_b	57.7V∠−120°	I_b	0
	U_c	57.7V∠120°	I_c	0

续表

状态	名称	幅值	名称	幅值
状态二	U_a	57.7V∠0°	I_a	0
	U_b	30V∠−120°	I_b	5A∠−195°
	U_c	57.7V∠120°	I_c	0
状态时间				50ms
状态三	U_a	57.7V∠0°	I_a	0
	U_b	57.7V∠−120°	I_b	0
	U_c	57.7V∠120°	I_c	0
状态四	U_a	57.7V∠0°	I_a	0
	U_b	30V∠−120°	I_b	5A∠−195°
	U_c	57.7V∠120°	I_c	0
状态时间				300ms

重合闸后加速跳闸，保护整组动作报文如图 2-34 所示。快速距离保护、分相差动保护、零序差动保护、接地距离Ⅰ段保护及重合闸，距离加速、零序加速等保护均可靠动作。

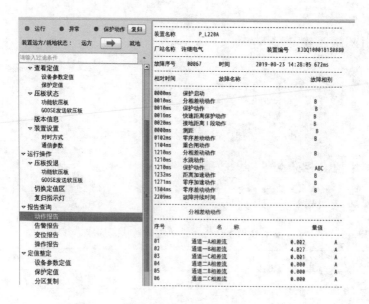

图 2-34 模拟 B 相永久性接地整组动作报文

三、模拟C相永久性接地短路故障时开关失灵

故障电流设定为1200ms，装置故障加量如表2-14所示。

表2-14　　　　　　　模拟C相永久性接地短路开关失灵时各状态加量

状态	名称	幅值	名称	幅值
状态一	U_a	57.7V∠0°	I_a	0
	U_b	57.7V∠−120°	I_b	0
	U_c	57.7V∠120°	I_c	0
状态二	U_a	57.7V∠0°	I_a	0
	U_b	57.7V∠−120°	I_b	0
	U_c	30V∠120°	I_c	5A∠45°
状态时间			1200ms	

检验各保护动作情况如图2-35所示。工频变化量保护、差动保护、接地距离Ⅰ段保护可靠动作后，因开关失灵导致故障电流持续存在，150ms以后保护启动"单跳失败永跳"逻辑，闭锁重合闸。且在故障电流切除前，零序Ⅱ、Ⅲ段保护，距离Ⅱ、Ⅲ段保护均动作，完整展现整组试验过程。

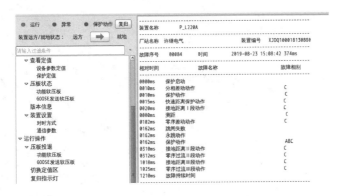

图2-35　模拟C相永久性故障且开关失灵时整组动作报文

第三章

110kV就地化线路保护调试

项目一

NZL-621U就地化线路保护调试

【项目描述】

本项目包含模拟量检查、开关量检查、功能校验、整组传动等内容。本项目编排以《继电保护和电网安全自动装置检验规程》（DL/T 995—2016）为依据，融合了变电二次现场作业管理规范和实际作业情况等内容。通过本项目的学习，了解就地化线路保护工作的原理，熟悉就地化线路保护装置的回路，掌握常规校验项目。

任务一 调 试 准 备

【任务描述】

本任务通过讲解 NZL-621U 就地化线路保护现场设备组成、回路特点，熟悉需调试的就地化保护设备并做好相关准备工作。

【知识要点】

（1）连接器定义。

（2）智能管理单元。

（3）回路构成。

【技能要领】

一、掌握连接器定义

就地化保护采用标准的航空插头，航插采用 IP67 等级的防护水平，防尘防水。航插将开入、开出、交流和光纤等密集排放在插座和插头内，占用空间大幅缩小，安装和更换方便，每个航插都应有色带标识和硬件防误措施，每台装置的各个航插不能交叉连接，从根本上防止了插错位置的可能。对于航插的排布顺序以及每个航插中的插针定义应该有明确的标准要求，110kV 就地化线路保护装置共配置三个航插，从左到右依次定义为电源＋开入＋开出、光纤、交流采样。装置尺寸及连接器排布如图 3-1 所示。110kV 常规互感器接入就地化线路保护专用连接器定义、排布和芯数如表 3-1 所示。110kV 线路保护专用连接器端子定义详见附录 B 表 B.2。

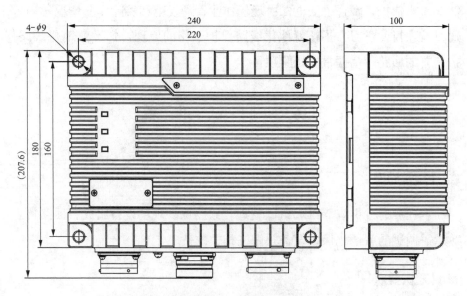

图 3-1　110kV 线路保护装置尺寸及专用连接器布置示意（单位：mm）

表 3-1　　　　　　　　**110kV 常规互感器接入线路保护专用连接器**

项目	电源＋开入＋开出	光纤	电流＋电压
导线截面积（mm²）	1.5	芯径：单模 0.9μm，多模 62.5μm	2.5
已用芯数	17	4 芯单模＋8 芯多模	12
航插芯数	21	16（12 芯多模＋4 芯单模）	12（6 芯电流带自短接＋6 芯电压）

注　光纤为成对光纤。

二、了解智能管理单元

智能管理单元对就地化保护装置进行智能管理，整合元件保护各子机信息，通过代理服务实现站控层设备与就地化保护的信息交互，完成装置界面展示、操作管理、备份管理、信息存储、故障信息管理、远程等功能。

三、熟悉回路构成

110kV线路间隔单套配置就地化线路保护和就地操作箱，采用电缆直接采样、电缆直接跳闸方式，并在保护装置内转换成数字量接入保护专网对外通信。智能管理单元通过保护专网实现对保护装置的信息采集及操作控制。

在现场调试时，模拟量、开入量的输入均需在就地化保护屏相关端子排完成，而采样值检查、开关量检查、定值整定及软压板投退均通过智能管理单元实现，这是就地化保护在现场调试中与传统保护装置差异之处。110kV就地化线路保护网络结构如图3-2所示。

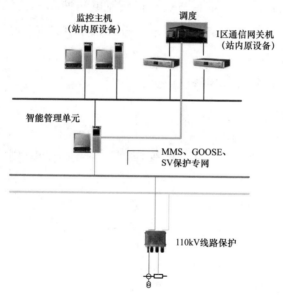

图 3-2　110kV 就地化线路保护网络结构

任务二　模拟量检查

>> 【任务描述】

本任务主要讲解模拟量检查内容。通过端子排加入模拟量，经过连接器在管理单元查看采样值，熟悉连接器与管理单元，熟悉使用常规继电保护测试仪对保护装置进行加量，了解零漂检查、模拟量幅值线性度检验、模拟量相对特性校验的意义和操作流程。

≫【知识要点】

（1）交流回路检查。

（2）模拟量查看及采样特性检查。

≫【技能要领】

（1）交流回路检查。对照图纸检查交流电压回路、交流电流回路接线完整，绝缘测试良好。并结合模拟量检查确认采样通道与智能管理单元间的对应关系正确。

（2）模拟量查看及采样特性检查。

（一）零漂检查方法

1. 测试方法

端子上不加模拟量时，从智能管理单元查看装置采样的电流、电压零漂值。

2. 合格判据

根据《继电保护和安全自动装置通用技术条件》（DL/T 478—2013）要求：电流相对误差不大于 2.5％或绝对误差不大于 $0.01I_N$；电压相对误差不大于 2.5％或绝对误差不大于 $0.002U_N$。

3. 测试实例

智能管理单元中模拟量采样值零漂显示值如图 3-3 所示。

（二）幅值特性检验

1. 测试方法

（1）在交流电压测试时用测试仪为保护装置输入电压，用同时加对称正序三相电压方法检验采样数据，交流电压分别为 1、5、30、60V。

（2）在电流测试时可以用测试仪为保护装置输入电流，用同时施加对称正序三相电流方法检验采样数据，电流分别为 $0.05\,I_\mathrm{N}$、$0.1\,I_\mathrm{N}$、$2\,I_\mathrm{N}$、$5\,I_\mathrm{N}$。

	名称	值	相角
菜单栏			
信息查看			
保护状态			
模拟量	1 A相电压	0.000 V	0.000 °
开关量	2 B相电压	0.000 V	0.000 °
GOOSE状态	3 C相电压	0.000 V	0.000 °
状态监测	4 零序电压	0.000 V	0.000 °
通道信息	5 Ux电压	0.000 V	0.000 °
告警信息	6 A相电流	0.000 A	0.000 °
保护功能状态	7 B相电流	0.000 A	0.000 °
查看定值	8 C相电流	0.000 A	0.000 °
压板状态	9 零序电流	0.000 A	0.000 °
版本信息	10 对侧A相电流	0.000 A	0.000 °
装置设置	11 对侧B相电流	0.000 A	0.000 °
运行操作	12 对侧C相电流	0.000 A	0.000 °
报告查询	13 Ia差流	0.000 A	0.000 °
定值整定	14 Ib差流	0.000 A	0.000 °
调试菜单	15 Ic差流	0.000 A	0.000 °
装置设定			

图 3-3　模拟量采样值零漂显示值

2. 合格判据

根据《继电保护和安全自动装置通用技术条件》（DL/T 478—2013）要求：在 $0.05I_\mathrm{N}\sim20I_\mathrm{N}$ 范围内，电流相对误差不大于 2.5％ 或绝对误差不大于 $0.01I_\mathrm{N}$；在 $0.01U_\mathrm{N}\sim1.5U_\mathrm{N}$ 范围内，电压相对误差不大于 2.5％ 或绝对误差不大于 $0.002U_\mathrm{N}$。模拟量采样值误差见图 3-4。

	名称	值	相角
菜单栏			
信息查看			
保护状态			
模拟量	1 A相电压	60.016 V	0.000 °
开关量	2 B相电压	59.995 V	240.051 °
GOOSE状态	3 C相电压	59.986 V	120.007 °
状态监测	4 零序电压	0.061 V	0.000 °
通道信息	5 Ux电压	60.015 V	0.000 °
告警信息	6 A相电流	1.000 A	0.000 °
保护功能状态	7 B相电流	1.000 A	240.046 °
查看定值	8 C相电流	1.000 A	120.005 °
压板状态	9 零序电流	0.000 A	0.000 °
版本信息	10 对侧A相电流	1.000 A	0.000 °
装置设置	11 对侧B相电流	1.000 A	240.046 °
运行操作	12 对侧C相电流	1.000 A	120.005 °
报告查询	13 Ia差流	2.000 A	0.000 °
定值整定	14 Ib差流	2.000 A	0.000 °
调试菜单	15 Ic差流	1.999 A	0.000 °
装置设定			

图 3-4　模拟量采样值误差（在 1％ 以内）

（三）相位特性检验

1. 测试方法

通过测试仪在端子排施加 $0.1 I_N$ 电流、U_N 电压值，调节电流、电压相位分别为 $0°$、$120°$。

2. 合格判据

根据《继电保护及安全自动装置检测技术规范　第 2 部分：继电保护装置　专用功能测试》（Q/GDW 11056.2—2013）要求，方向元件动作边界允许误差为 $±3°$，模拟量采样相位误差见图 3-5。

	模拟量			
	描述	数值	角度	单位
1	保护电压保护电压A相Ua	57.800	0.000	V
2	保护电压保护电压B相Ub	57.787	240.048	V
3	保护电压保护电压C相Uc	57.811	120.083	V
4	保护电压保护零序电压3U0	0.000	0.000	V
5	保护电压保护同期电压Ux	0.002	22.529	V
6	保护电流保护电流A相Ia	0.099	118.291	A
7	保护电流保护电流B相Ib	0.099	119.080	A
8	保护电流保护电流C相Ic	0.100	118.182	A
9	保护电流保护零序电流3I0	0.000	0.000	A
10	启动电压启动电压A相Ua	57.806	0.000	V
11	启动电压启动电压B相Ub	57.797	0.000	V
12	启动电压启动电压C相Uc	57.817	0.000	V
13	启动电压启动零序电压3U0	0.000	0.000	V
14	启动电压启动同期电压Ux	0.001	0.000	V
15	启动电流启动电流A相Ia	0.099	0.000	A
16	启动电流启动电流B相Ib	0.099	0.000	A
17	启动电流启动电流C相Ic	0.099	0.000	A

图 3-5　模拟量采样相位误差（在 2.5% 以内）

任务三　开入量检查

》【任务描述】

本任务主要讲解开关量检查内容。通过对保护装置、保护专网以及管理单元的操作，了解装置开入开出的原理及功能。

》【知识要点】

（1）开关位置。

（2）闭锁重合闸。

（3）低气压闭锁重合闸。

（4）检修状态开入。

【技能要领】

一、开关位置检查

1. 测试方法

（1）通过操作开关依次进行分闸、合闸。

（2）在智能管理单元中"开关量"一栏依次检查开关位置变位情况。

2. 合格判据

智能管理单元"开关量"中开关位置变位情况如图 3-6 所示，与现场开关实际状态应对应一致。

菜单栏		名称		值	品质
信息查看	1	低气压(弹簧未储能)闭重		退出	正常
保护状态	2	断路器合闸位置		退出	正常
模拟量	3	断路器跳闸位置		投入	正常
开关量	4	其他保护动作		退出	正常
GOOSE状态	5	其他保护动作-1		退出	正常
状态监测	6	其他保护动作-2		退出	正常
通道信息	7	其他保护动作-3		退出	正常
告警信息	8	其他保护动作-4		退出	正常
保护功能状态	9	其他保护动作-5		退出	正常
查看定值	10	其他保护动作-6		退出	正常
压板状态	11	远传1		退出	正常

图 3-6　断路器开关跳位

二、闭锁重合闸开入检查

1. 测试方法

（1）通过测试仪在保护开入量端子排向保护装置模拟开入"闭锁重合闸"。

（2）在智能管理单元中"开关量"一栏检查"闭锁重合闸"变位情况。

2. 合格判据

智能管理单元"开关量"中"闭锁重合闸"信号变位情况如图 3-7 所

示，"闭锁重合闸"可靠开入。

菜单栏		名称		值	品质
信息查看	25	闭锁重合闸		投入	正常
保护状态	26	闭锁重合闸开入		投入	正常
模拟量	27	闭锁重合闸-1		退出	正常
开关量	28	闭锁重合闸-2		退出	正常
GOOSE状态	29	闭锁重合闸-3		退出	正常
状态监测	30	闭锁重合闸-4		退出	正常
通信信息	31	闭锁重合闸-5		退出	正常
告警信息	32	闭锁重合闸-6		退出	正常
保护功能状态	33	重合闸充电完成		退出	正常
查看定值	34	GOOSE检修不一致		退出	正常
压板状态	35	合后位置		退出	正常
版本信息					
装置设置					
运行操作					
报告查询					
定值整定					
调试菜单					

图 3-7　闭锁重合闸开入变位

三、低气压闭锁重合闸开入检查

1. 测试方法

（1）通过保护开入量端子排向保护装置模拟开入"低气压闭锁重合闸"。

（2）在智能管理单元中"开关量"一栏检查"低气压闭锁重合闸"变位情况。

2. 合格判据

智能管理单元"开关量"中"低气压闭锁重合闸"信号变位情况如图 3-8 所示，"低气压闭锁重合闸"可靠开入。

菜单栏		名称		值	品质
信息查看	1	低气压(弹簧未储能)闭重		投入	正常
保护状态	2	断路器合闸位置		投入	正常
模拟量	3	断路器跳闸位置		退出	正常
开关量	4	其他保护动作		退出	正常
GOOSE状态	5	其他保护动作-1		退出	正常
状态监测					
通信信息					
告警信息					

图 3-8　低气压闭锁重合闸开入变位

四、检修压板开入检查

1. 测试方法

（1）在智能管理单元"运行操作"界面操作"功能软压板"，将"装置检修软压板”投入，如图 3-9 所示。

菜单栏
信息查看
运行操作
压板投退
功能软压板
GOOSE发送软压板
切换定值区
复归指示灯
报告查询
定值整定
调试菜单
装置设定
功能软压板
读取
修改
名称
值
品质
1 装置检修软压板 投入 正常
2 纵联差动保护软压板 退出 测试
3 距离保护软压板 退出 测试
4 零序过电流保护软压板 退出 测试
5 停用重合闸软压板 退出 测试

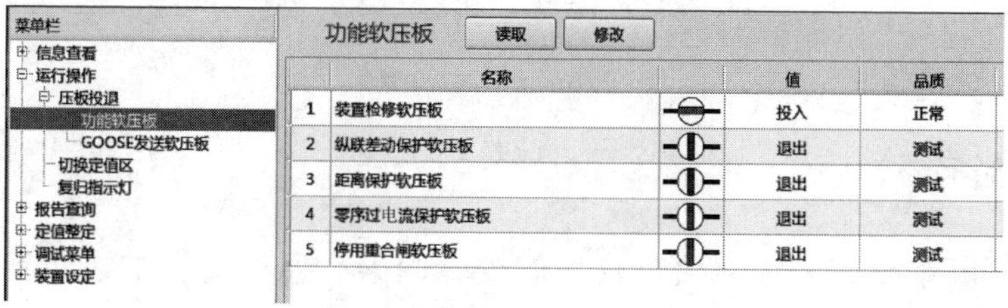

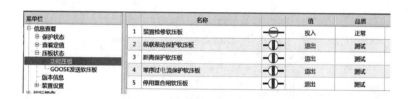

图 3-9 装置检修软压板操作界面

（2）在智能管理单元“信息查看”中“压板状态”一栏检查“装置检修软压板”变位情况，如图 3-10 所示。

菜单栏
信息查看
保护状态
查看定值
压板状态
功能压板
GOOSE发送软压板
版本信息
装置设置
名称
值
品质
1 装置检修软压板 投入 正常
2 纵联差动保护软压板 退出 测试
3 距离保护软压板 退出 测试
4 零序过电流保护软压板 退出 测试
5 停用重合闸软压板 退出 测试

图 3-10 装置检修软压板功能显示界面

（3）在智能管理单元“运行操作”中“告警信息”一栏检查检修压板投入后装置告警信息。

2. 合格判据

智能管理单元中操作“装置检修软压板”后，在“压板状态”中看到“装置检修软压板”可靠变位，同时告警信息中也有“检修状态”投入相关告警信号，如图 3-11 所示。

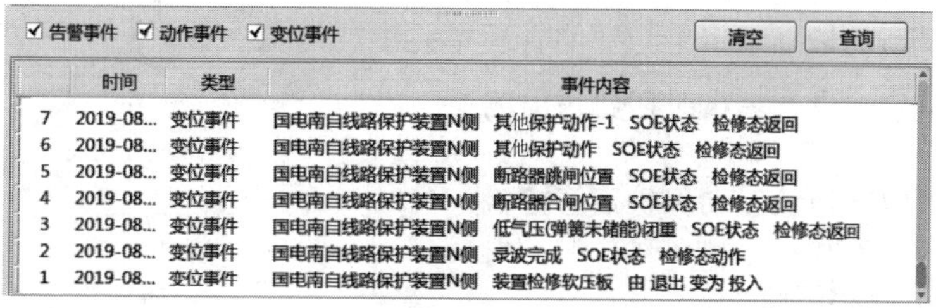

告警事件
动作事件
变位事件
清空
查询
时间
类型
事件内容
7 2019-08... 变位事件 国电南自线路保护装置N侧 其他保护动作-1 SOE状态 检修态返回
6 2019-08... 变位事件 国电南自线路保护装置N侧 其他保护动作 SOE状态 检修态返回
5 2019-08... 变位事件 国电南自线路保护装置N侧 断路器跳闸位置 SOE状态 检修态返回
4 2019-08... 变位事件 国电南自线路保护装置N侧 断路器合闸位置 SOE状态 检修态返回
3 2019-08... 变位事件 国电南自线路保护装置N侧 低气压(弹簧未储能)闭重 SOE状态 检修态返回
2 2019-08... 变位事件 国电南自线路保护装置N侧 录波完成 SOE状态 检修态动作
1 2019-08... 变位事件 国电南自线路保护装置N侧 装置检修软压板 由 退出 变为 投入

图 3-11 装置检修软压板投入后告警窗界面

任务四 功 能 校 验

≫【任务描述】

本任务主要讲解定值核对及功能校验内容。通过对保护装置定值功能的使用，熟练掌握查看、修改定值的操作；通过线路保护校验，熟悉线路保护的动作原理及特征，掌握纵差保护、距离保护和零序保护的调试方法。

≫【知识要点】

(1) 定值单核对。

(2) 纵联电流差动保护定值校验。

(3) 距离保护校验。

(4) 快速距离保护校验。

(5) 零序过电流保护校验。

(6) 交流电压回路断线时保护校验。

(7) 重合闸功能校验。

(8) 过负荷告警检验。

≫【技能要领】

一、定值核对

将最新的标准整定单与智能管理单元中的定值参数进行一一核对，注意定值整定范围，调试时切勿超出范围。

二、纵联电流差动保护定值检验

(一) 保护原理

差动保护作为线路的主保护，能快速切除线路故障，本装置有工频变化量差动、相电流差动和零序差动等功能，以下以相电流差动为例。

（二）测试方法

（1）用尾纤将保护装置纵联通道自环。

（2）在智能管理单元中投入差动保护软压板、控制字。

（3）在智能管理单元中将"本侧识别码"和"对侧识别码"设置成同一数值。

（4）用测试仪分别模拟单相故障与相间故障，故障电流设置为 $I=m\times0.5\times I_{zd}$（0.5 为自环模式）。

（5）当 $m=0.95$ 时，保护可靠不动作；当 $m=1.05$ 时，保护可靠动作；当 $m=2$ 时，测试保护动作时间。

（三）测试实例

模拟 C 相接地电流为 1.05 倍定值时保护动作情况。根据保护装置的整定值（设差动定值为 2A），计算出故障电流 1.05A，故障时间 50ms。装置定值参数设置如图 3-12 所示，装置故障加量如表 3-2 所示。

图 3-12　差动定值参数设置

表 3-2　　　　　　　　　模拟 C 相瞬时性接地时故障加量

状态	名称	幅值	名称	幅值
故障状态	U_a	57.7V∠0°	I_a	0
	U_b	57.7V∠−120°	I_b	0
	U_c	8V∠120°	I_c	1.05A∠50°
状态时间			50ms	

智能管理单元中保护动作报文如图 3-13 所示。

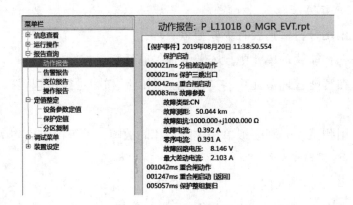

图 3-13　模拟 C 相接地差动保护动作实例

三、距离保护检验

（一）保护原理

距离保护为 110kV 线路的后备保护，接地距离与相间距离保护各有三段。距离保护Ⅰ、Ⅱ段采用正序电压作为极化电压，距离保护Ⅲ段正反向动作特性在阻抗平面。

模拟单相接地故障时，故障电压 $U=m\times(1+k_z)\times I\times Z_{zd}$（$Z_{zd}$ 为距离保护整定值，I 为故障电流，k_z 为零序补偿系数）。

模拟相间故障时，故障电压 $U=m\times2\times I\times Z_{zd}$（$Z_{zd}$ 为距离保护整定值，I 为故障电流）。

（二）测试方法

（1）在智能管理单元投入距离保护功能软压板。

（2）在智能管理单元投入各段保护相关控制字，并记录各段定值。

（3）用测试仪加入正常态电压电流，使 TV 断线复归。

（4）模拟正向故障，当 $m=0.95$ 时，保护可靠动作；$m=1.05$ 时，保护可靠不动作；$m=0.7$ 时，测试保护动作时间。

（三）测试实例

模拟阻抗为 0.95 倍定值时三相接地短路故障时保护动作情况。根据保护装置的整定值（设距离Ⅱ段设定值为1Ω，时间20ms），设定故障电流5A，故障电压为33V，故障时间设定为50ms。测试仪加量设置如表3-3所示。

表 3-3 模拟三相短路时故障加量

状态	名称	幅值	名称	幅值
故障状态	U_a	33V∠0°	I_a	5A∠−70°
	U_b	33V∠−120°	I_b	5A∠−190°
	U_c	33V∠120°	I_c	5A∠50°
状态时间			50ms	

智能管理单元中保护动作报文如图3-14所示。

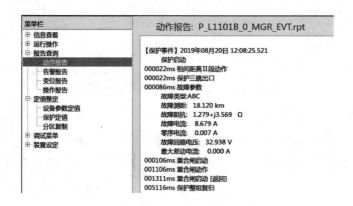

图 3-14 模拟三相短路距离保护动作实例

四、快速距离保护

（一）保护原理

快速能灵敏反应线路故障，是处理线路近区故障的快速主保护。

模拟单相接地故障时故障电压满足：$U=(1+K)IDZ_{set}+(1-1.05m)U_N$。

模拟相间短路故障时故障电压满足：$U=2IDZ_{set}+(1-1.05m)\sqrt{3}U_N$。

（二）测试方法

（1）投入距离保护功能压板。

（2）投入快速距离保护相关控制字。

（3）用测试仪加入正常态电压电流，使 TV 断线复归。

（4）快速距离保护在 $m=1.1$ 时，应可靠动作；在 $m=0.9$ 时，应可靠不动作；在 $m=1.2$ 时，测量保护动作时间。

五、零序过电流保护检验

（一）保护原理

零序过电流保护为线路的后备保护，主要反映线路不对称故障。零序过电流Ⅱ段固定受零序正方向元件控制，零序过电流Ⅲ段可经控制字选择是否受零序正方向元件控制。TV 断线后，零序过电流Ⅱ段退出，零序过电流Ⅲ段不经方向元件控制。

（二）测试方法

（1）投入零序保护功能压板。

（2）投入各段零序保护相关控制字。

（3）用测试仪加入正常态电压电流，使 TV 断线复归。

（4）模拟单相接地故障，当电流为 0.95 倍定值时保护可靠不动作，1.05 倍定值时可靠动作，1.2 倍定值时测定动作时间。

（5）零序过电流保护灵敏角和动作区校验，加入单相故障电流，达到 1.05 倍零序电流定值，调整电流角度，满足方向元件开放条件，验证零序过电流保护动作边界，计算灵敏角。

（三）测试实例

模拟故障电流为 1.2 倍零序Ⅱ段定值的 B 相永久性接地故障时保护动作情况。根据保护装置的整定值（设零序Ⅱ段定值为 4A），设定故障电流 4.8A，故障电压为 10V，以"保护动作"作为状态切换。装置各状态加量如表 3-4 所示。

表 3-4　　　　　　　　模拟 B 相永久性接地故障时各状态加量

状态	名称	幅值	名称	幅值
状态一	U_a	57.7V∠0°	I_a	0
	U_b	57.7V∠−120°	I_b	0
	U_c	57.7V∠−120°	I_c	0

续表

状态	名称	幅值	名称	幅值
状态二	U_a	57.7V$\angle 0°$	I_a	0
	U_b	10V$\angle -120°$	I_b	4.8A$\angle -190°$
	U_c	57.7V$\angle 120°$	I_c	0
状态时间			550ms	
状态三	U_a	57.7V$\angle 0°$	I_a	0
	U_b	57.7V$\angle -120°$	I_b	0
	U_c	57.7V$\angle -120°$	I_c	0
状态四	U_a	57.7V$\angle 0°$	I_a	0
	U_b	10V$\angle -120°$	I_b	4.8A$\angle -190°$
	U_c	57.7V$\angle 120°$	I_c	0
状态时间			200ms	

智能管理单元中保护动作报文如图 3-15 所示。

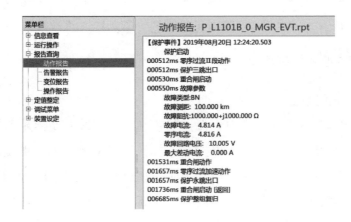

图 3-15　模拟 B 相永久性接地零序保护动作实例

六、交流电压回路断线时保护检验

(一) 保护原理

交流电压出现以下情况时，保护装置判 TV 断线并闭锁快速保护、距离保护及部分零序过电流保护功能。开放 TV 断线过电流保护，一般有 TV

断线相过电流保护和 TV 断线零序过电流保护。

（1）三相电压相量和大于 8V，保护不启动，延时 1.25s 发告警信号；

（2）三相电压相量和小于 8V，但正序电压小于 33V 延时 1.25s 发告警信号；

（3）保护电压 3 次谐波过量，延时 10s 发告警信号。

（二）测试方法

（1）投入距离或零序保护功能压板。

（2）投入距离或零序保护控制字。

（3）用测试仪模拟三相短路，TV 断线过电流保护在 0.95 倍定值时保护可靠不动作；在 1.05 倍定值时，应可靠动作；在 1.2 倍定值时，测量保护动作时间。

（4）用测试仪模拟单相短路，TV 断线零序过电流保护在 0.95 倍定值时保护可靠不动作；在 1.05 倍定值时应可靠动作；在 1.2 倍定值时，测量保护动作时间。

七、TA 断线闭锁功能

（一）保护原理

交流电流出现 TA 断线时，保护装置判 TA 断线并闭锁差动保护、零序保护和三相不一致保护。主保护不考虑 TA、TV 断线同时出现，不考虑无流元件 TA 断线，不考虑三相电流对称情况下中性线断线，不考虑两相、三相断线，不考虑多个元件同时发生 TA 断线，不考虑 TA 断线和一次故障同时出现。

（二）测试方法

1. TA 断线闭锁差动保护

投入纵联差动保护软压板，投入纵联差动保护、TA 断线闭锁差动控制字，差动动作电流定值大于 TA 断线定值。模拟单相 TA 断线使装置发出 TA 断线告警，分别模拟断线相和非断线相区内故障，检查零差、分相差是否动作；将 TA 断线闭锁差动控制字整为 0，模拟单相 TA 断线至装置告警，再模拟断线相故障，检查分相差动保护动作电流和动作时间，并检查零差是否动作。

2.TA 断线闭锁后备零序保护

零序过电流保护软压板和控制字均整为 1，零序反时限控制字置 1，零序Ⅱ段、零序Ⅲ段、零序加速段、零序反时限动作值整定大于 TA 断线定值。模拟单相 TA 断线使装置发出 TA 断线告警，改变非断线相电流到满足所有后备零序保护动作条件，查看后备零序是否动作。

八、重合闸功能检验

（一）功能原理

重合闸是 110kV 线路保护隔离瞬时性故障的重要功能，以浙江电网常用的"三相重合闸方式"为例进行测试介绍。

（二）测试方法

（1）投入"重合闸"控制字。

（2）模拟开关正常合闸位置，等保护"重合运行"灯亮。

（3）模拟单相/相间瞬时性接地故障，等跳令返回后持续时间超过重合闸时间后，保护装置应能重合动作。

九、过负荷保护测试

测试方法：

（1）施加 0.95 倍过负荷告警电流定值的模拟电流，装置无告警。

（2）施加 1.05 倍过负荷告警电流定值的模拟电流，经过负荷告警时间报"过负荷告警"。

任务五　整　组　传　动

≫【任务描述】

本任务主要讲解开关传动，通过开关联动试验，了解保护装置的动作机制，验证保护功能正确性。

≫【知识要点】

整组试验是在保护所有功能投入状态下模拟故障，根据保护动作逻辑及开关变位情况，观察保护装置动作情况是否正确。

≫【技能要领】

（1）投入差动保护、距离保护、零序保护等所有保护功能。

（2）投入各段差动保护、距离保护、零序保护、重合闸等相关控制字。

（3）确认开关合位，检查出口软压板与硬压板均正常。

（4）首先加入故障前正常状态，使保护 TV 断线复归，重合闸充电完成。

（5）依次模拟各种典型故障，检验各保护功能、重合闸配合及开关传动情况，测定保护动作时间。

测试实例：

一、模拟线路 A 相瞬时性短路故障

故障时间设定为 100ms，装置故障加量如表 3-5 所示。

表 3-5　　　　　　　　　模拟 A 相瞬时性接地故障时各状态加量

状态	名称	幅值	名称	幅值
状态一	U_a	57.7V∠0°	I_a	0
	U_b	57.7V∠−120°	I_b	0
	U_c	57.7V∠120°	I_c	0
状态二	U_a	30V∠0°	I_a	5A∠−75°
	U_b	57.7V∠−120°	I_b	0
	U_c	57.7V∠120°	I_c	0
状态时间			100ms	

检验各保护动作情况如图 3-16 所示。

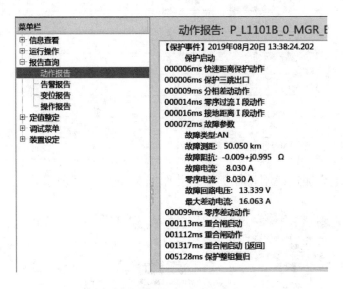

图 3-16 模拟 A 相瞬时性故障时整组动作报文

二、模拟 BC 相永久性接地故障

故障时间设定为 1200ms，装置故障加量如表 3-6 所示。

表 3-6 模拟 BC 相永久性接地故障时各状态加量

状态	名称	幅值	名称	幅值
状态一	U_a	57.7V∠0°	I_a	0
	U_b	57.7V∠−120°	I_b	0
	U_c	57.7V∠120°	I_c	0
状态二	U_a	57.7V∠0°	I_a	0
	U_b	30V∠−135°	I_b	5A∠−160°
	U_c	30V∠135°	I_c	5A∠20°
状态时间			100ms	

续表

状态	名称	幅值	名称	幅值
	U_a	57.7V∠0°	I_a	0
状态三	U_b	57.7V∠−120°	I_b	0
	U_c	57.7V∠120°	I_c	0
	U_a	57.7V∠0°	I_a	0
状态四	U_b	30V∠−135°	I_b	5A∠−160°
	U_c	30V∠135°	I_c	5A∠20°
状态时间			1200ms	

重合闸后加速跳闸，保护整组动作报文如图 3-17 所示。

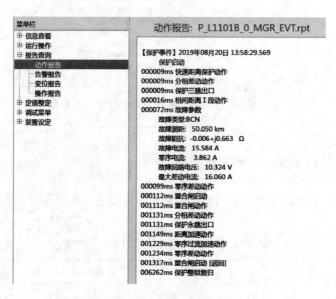

图 3-17 模拟 BC 相永久性故障时整组动作报文

第四章

220kV就地化母线保护调试

项目一

NZB-750就地化母线保护调试

▶【项目描述】

本项目包含模拟量检查、开关量检查、功能校验、整组传动等内容。本项目编排以《继电保护和电网安全自动装置检验规程》（DL/T 995—2016）为基础、并融合了变电二次现场作业管理规范和实际作业情况等内容。通过本项目的学习，了解就地化母线保护工作的原理，熟悉就地化母线保护装置的回路，掌握常规校验项目。

任务一 调 试 准 备

▶【任务描述】

本任务通过讲解 NZB-750 就地化母线保护现场设备组成、回路特点，熟悉需调试的就地化保护设备并做好相关准备工作。

▶【知识要点】

（1）连接器定义。

（2）环网管理有主积木式地化母线保护。

（3）环网管理无主积木式地化母线保护。

（4）星型架构就地化母线保护。

▶【技能要领】

一、掌握连接器定义

就地化保护采用标准的航空插头，航插采用 IP67 等级的防护水平，防尘防水，航插将开入、开出、交流和光纤等密集排放在插座和插头内，占用空间大幅缩小，安装和更换方便，每个航插都应有色带标识和硬件防误措施，每台装置的各个航插不能交叉连接，从根本上防止了插错位置的可能，对于航插的排布顺序以及每个航插中的插针定义应该有明确的标准要求，就地化母线保护装置共配置 5 个航插，从左到右依次定义为电源＋开入、开出、光纤、交流采样 1、交流采样 2。装置尺寸及连接器排布如图 4-1 所示，用于非 3/2 接线母线保护的带电压互感器的就地化母线保护专用连接器定义、排布和芯数如表 4-1 所示。

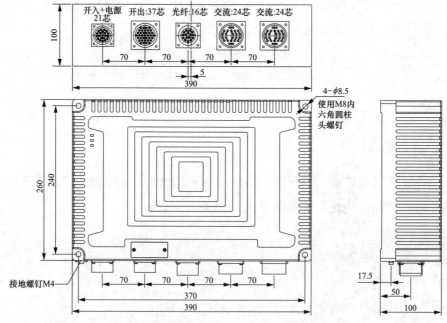

图 4-1　保护装置尺寸及专用连接器布置示意

表 4-1　　　　　　　带电压互感器的就地化母线保护专用连接器

项目	电源＋开入	开出	光纤	电流＋电压	电流
	1	2	3	4	5
导线截面积（mm²）	1.5	1.5	芯径：多模 62.5μm	2.5	2.5
航插芯数	21	37	16（多模）	24	24
色带颜色	绿色	黑色	蓝色	红色	黄色

注　光纤为成对光纤。

　　非 3/2 接线就地化母线保护装置的航插连接器插针对应保护开入、开出、采样的定义详见附录 C，由于母联/分段支路接入的开入为 TWJ 和 SHJ，而线路和主变压器支路接入的开入为隔离开关位置，两者所需硬件相同，但定义随着支路属性而变化，因此规定在间隔对应母联/分段时，其开入定义为 TWJ 和 SHJ，间隔对应主变或线路时，其相应开入定义为 1G 和 2G。

二、了解环网管理有主积木式地化母线保护

环网管理有主积木式地化母线保护按照现场间隔的数量相应的配置若干台子机，子机之间采用双向双环网光纤通信。每台子机都采集本子机所接间隔的模拟量和开关量信息，并与其他子机通过环网共享数据，且均与其他保护装置通过 GOOSE 通信，传递联闭锁信号，各子机独立进行保护逻辑判断，控制本子机的动作行为，各个子机均连接保护专网进行 61850 通信，上送本子机的事件状态，规定子机编号为 1 的子机为主机，负责整套母线保护的管理功能，主机接受管理单元、监控系统的定值等管理，并通过环网管理其他子机的定值。

各子机均具备全套母线保护的定值，主机的保护定值由管理单元或监控系统整定，其他子机的定值由主机通过环网负责整定管理，各个子机在环网中实时传输本子机定值的 CRC 校验码，如果发现任一子机与本子机定值 CRC 不一致，则闭锁本子机所有保护功能，并上送告警。环网管理有主积木式母线保护架构如图 4-2 所示。

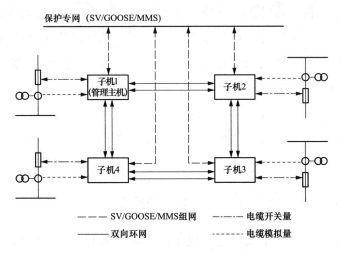

图 4-2 环网管理有主积木式母线保护架构

在就地采集方面，各子机均对应 8 个间隔，通过电缆采集模拟量、开关量，并通过电缆输出分相跳闸出口。

在内部通信方面，各个子机之间采用千兆光纤点组成双环网连接通信，两个环网分别传输两路独立的数据，子机分别取两路数据进行判断，一路负责动作，称为动作环，一路负责启动，称为启动环。各子机将电缆采集的模拟量、开关量信息上送到环网，并从环网获取其他子机上送的数据，进行保护逻辑判断，若判断母线区内故障，则本子机跳闸出口。各个子机之间环网的通信协议应符合相应的环网规范标准。

在对外通信方面，各子机均接入保护专网，均接收其他保护装置的失灵开入等 GOOSE 报文，发送自身的 GOOSE 跳闸报文，同时将自身通过电缆采集的模拟量、开关量信息分别以 SV 报文和 GOOSE 报文形式发出，收发 MMS 报文。

在与管理单元通信方面，各子机与管理单元通信，上送自身完整的动作、告警、在线监测、状态变位、中间节点、录波、装置识别代码、软件版本、过程层虚端子 CRC 信息；主机是兼具管理功能的子机，其与管理单元通信，上送自身完整动作、告警、在线监测、状态变位、中间节点、录波、装置识别代码、软件版本、过程层虚端子 CRC 信息以及各子机的关键报文信息（包括装置动作总信号、装置告警总信号、装置故障总信号），同时管理单元的操作管理，进行修改定值、压板和切换定值区操作，并通过环网完成对其他子机的修改定值、压板和切换定值区操作，做到整套保护各个子机的定值同步。

与监控后台通信方面，仅管理主机与监控后台通信，监控系统可以对主机进行远方操作，查看在线监测信息和保护运行状态、上招录波文件等，管理单元发生障时不影响监控后台与就地化母线保护之间的通信。

三、了解环网管理无主积木式地化母线保护

环网管理无主积木式地化母线保护与与环网有主架构相似，但是采用管理无主模式，按照现场间隔的数量相应的配置若干台子机，各子机依次

编号，地位完全平等，子机之间采用双向双环网光纤通信，采用无主模式，保护中每台子机都采集本子机所接间隔的模拟量和开关量信息，并与其他子机通过环网共享数据，且均与其他保护装置通过 GOOSE 通信，传递联闭锁信号，各子机独立进行保护逻辑判断，控制本子机的动作行为，各个子机均连接保护专网进行 61850 通信，上送本子机的事件状态，均接受管理单元的定值等管理。

各子机均具备全套母线保护的定值，由管理单元负责管理整定，各个子机在环网中实时传输本子机定值的 CRC 校验码，如果发现任一子机与本子机定值 CRC 不一致，则闭锁本子机所有保护功能，并上送告警。

环网管理无主积木式母线保护网络架构如图 4-3 所示。

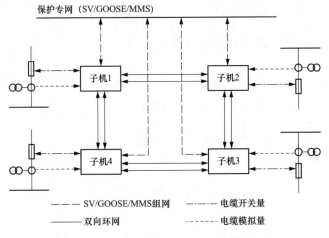

图 4-3 环网管理无主积木式母线保护架构

就地数据采集方面，各子机均对应 8 个间隔，通过电缆采集模拟量、开关量，并通过电缆输出分相跳闸出口。

子机内部通信方面，各个子机之间采用千兆光纤点组成双环网连接通信，两个环网分别传输两路独立的数据，子机分别取两路数据进行判断，一路负责动作（即动作环），一路负责启动（即启动环）。各子机将电缆采集的模拟量、开关量信息上送到环网，并从环网获取其他子机上送的数据，进行保护逻辑判断，若判断母线区内故障，则本子机跳闸出口。各个子机之间环网的通信协议应符合相应的环网规范标准。

对外通信方面，各子机均接入保护专网，均接收其他保护装置的失灵开入等 GOOSE 报文，发送自身的 GOOSE 跳闸报文，同时将自身通过电缆采集的模拟量、开关量信息分别以 SV 报文和 GOOSE 报文形式发出，收发 MMS 报文。

与管理单元通信方面，各子机与管理单元通信，上送自身完整的动作、告警、在线监测、状态变位、中间节点、录波、装置识别代码、软件版本、过程层虚端子 CRC 信息，同时管理单元的操作管理，进行修改定值、压板和切换定值区操作。

与监控后台通信方面，各子机均不直接与监控后台通信，监控系统可以对管理单元操作间接操作母线保护各子机，进行定值整定、信息查看、上招录波等操作。

四、了解星型架构就地化母线保护

积木星型母线保护采用星型有主式网络架构，以每套就地化母线保护子机满配（3 台）为例，就地化母线保护架构如图 4-4 所示。

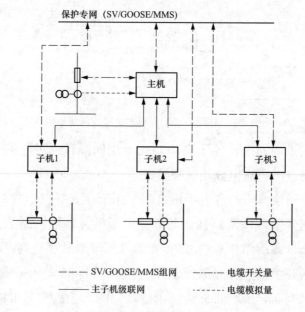

图 4-4　就地化积木星型母线保护架构

就地信息采集方面，主机和子机各对应 8 个间隔，通过电缆采集模拟量、开关量，并通过电缆输出分相跳闸出口。与智能站相比，省去了合并单元采集模拟量、发送 SV 报文以及智能终端接收 GOOSE 报文执行跳闸出口等中间环节，有效提高了继电保护速动性。

主子机间内部通信方面，主机和子机之间采用千兆光纤点对点连接，使用千兆光纤可以提高带宽和传输速率，减少主子机之间的通信延时。各子机将电缆采集的模拟量、开关量信息上送给主机，主机整合自身采集的模拟量、开关量信息及所有子机上送的信息后，进行保护逻辑判断，若判断母线区内故障，主机直接通过电缆对自身所接间隔进行跳闸出口，同时向各个子机发出相应的跳闸命令，子机收到主机跳闸命令后通过电缆进行跳闸出口。整套母线保护装置由主机控制，主、子机间通信属于母线保护内部的信息流动，与其他装置无关，通信协议为各保护制造厂家的内部私有协议。

对外通信方面，母线保护的主机和子机均接入保护专网，主机接收其他保护装置的失灵开入等 GOOSE 报文，发送整套装置的 GOOSE 跳闸报文，同时将自身通过电缆采集的模拟量、开关量信息分别以 SV 报文和 GOOSE 报文形式发出，收发 MMS 报文；子机将自身通过电缆采集的模拟量、开关量信息分别以 SV 报文和 GOOSE 报文形式发出，收发 MMS 报文。

与管理单元通信方面，主子机均与管理单元进行通信，主机上送的信息为整套保护的所有信息，包括参数定值、保护定值、压板、遥信、保护事件、告警信息、保护功能状态及在线监测信息，同时可以接受管理单元的远方操作，实现远方修改定值、远方切换定值区、远方投退软压板；子机仅上送自身的相关信息，包括告警信息、在线监测信息、子机编号、接入间隔的 TV/TA 参数、检修压板状态，可以接受管理单元的远方操作，实现远方修改定值和远方投退软压板。

与监控后台通信方面，就地化母线保护仅主机与监控后台通信，监控系统可以对主机进行远方操作，查看在线监测信息和保护运行状态、上招录波文件等，管理单元发生故障时不影响监控后台与就地化母线保护之间的通信。

任务二　模拟量检查

》【任务描述】

本任务主要讲解模拟量检查内容。通过端子排加入模拟量，经过连接器在管理单元查看采样值，熟悉连接器与管理单元，熟悉使用常规继电保护测试仪对保护装置进行加量，了解零漂检查、模拟量幅值线性度检验、模拟量相对特性校验的意义和操作流程。

》【知识要点】

（1）交流回路检查。

（2）模拟量查看及采样特性检查。

》【技能要领】

一、交流回路检查

对照图纸检查交流电压回路、交流电流回路接线完整，绝缘测试良好，并结合模拟量检查确认采样通道与智能管理单元间对应关系正确。

二、模拟量查看及采样特性检查

（一）零漂检查方法

1. 测试方法

端子上不加模拟量时，从智能管理单元查看装置采样的电流、电压零漂值。

2. 合格判据

根据《继电保护和安全自动装置通用技术条件》（DL/T 478—2013）

要求：电流相对误差不大于 2.5％或绝对误差不大于 $0.01I_N$；电压相对误差不大于 2.5％或绝对误差不大于 $0.002U_N$。

3. 测试实例

启动模拟量和保护模拟量零漂显示值如图 4-5 所示。

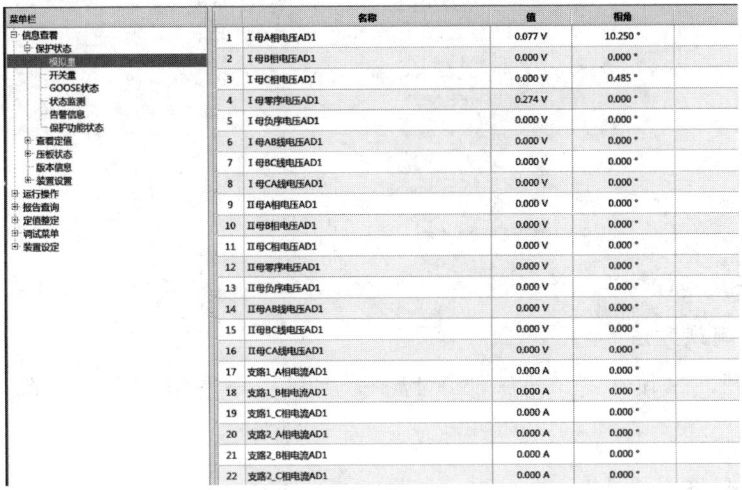

菜单栏		名称	值	相角
信息查看	1	I母A相电压AD1	0.077 V	10.250 °
保护状态	2	I母B相电压AD1	0.000 V	0.000 °
模拟量	3	I母C相电压AD1	0.000 V	0.485 °
开关量	4	I母零序电压AD1	0.274 V	0.000 °
GOOSE状态	5	I母负序电压AD1	0.000 V	0.000 °
状态监测	6	I母AB线电压AD1	0.000 V	0.000 °
告警信息	7	I母BC线电压AD1	0.000 V	0.000 °
保护功能状态	8	I母CA线电压AD1	0.000 V	0.000 °
查看定值	9	II母A相电压AD1	0.000 V	0.000 °
压板状态	10	II母B相电压AD1	0.000 V	0.000 °
版本信息	11	II母C相电压AD1	0.000 V	0.000 °
装置设置	12	II母零序电压AD1	0.000 V	0.000 °
运行操作	13	II母负序电压AD1	0.000 V	0.000 °
报告查询	14	II母AB线电压AD1	0.000 V	0.000 °
定值整定	15	II母BC线电压AD1	0.000 V	0.000 °
调试菜单	16	II母CA线电压AD1	0.000 V	0.000 °
装置设定	17	支路1_A相电流AD1	0.000 A	0.000 °
	18	支路1_B相电流AD1	0.000 A	0.000 °
	19	支路1_C相电流AD1	0.000 A	0.000 °
	20	支路2_A相电流AD1	0.000 A	0.000 °
	21	支路2_B相电流AD1	0.000 A	0.000 °
	22	支路2_C相电流AD1	0.000 A	0.000 °

图 4-5　零漂检查

（二）幅值特性检验

1. 测试方法

在交流电压测试时用测试仪为保护装置输入电压，用同时加对称正序三相电压方法检验采样数据，交流电压分别为 1、5、30、60V。

在电流测试时可以用测试仪为保护装置输入电流，用同时施加对称正序三相电流方法检验采样数据，电流分别为 $0.05I_N$、$0.1I_N$、$2I_N$、$5I_N$。

2. 合格判据

根据《继电保护和安全自动装置通用技术条件》（DL/T 478—2013）要求：在 $0.05 \sim 20I_N$ 范围内，电流相对误差不大于 2.5％或绝对误差不大于 $0.01I_N$；在 $0.01 \sim 1.5U_N$ 范围内，电压相对误差不大于 2.5％或绝对误差不大于 $0.002U_N$。幅值特性检查见图 4-6。

	名称	值	相角
1	Ⅰ母A相电压AD1	30.056 V	0.000 °
2	Ⅰ母B相电压AD1	29.953 V	240.068 °
3	Ⅰ母C相电压AD1	29.965 V	120.048 °
4	Ⅰ母零序电压AD1	0.099 V	0.000 °
5	Ⅰ母负序电压AD1	0.000 V	0.000 °
6	Ⅰ母AB线电压AD1	51.947 V	0.000 °
7	Ⅰ母BC线电压AD1	51.895 V	0.000 °
8	Ⅰ母CA线电压AD1	51.983 V	0.000 °
9	Ⅱ母A相电压AD1	0.000 V	0.000 °
10	Ⅱ母B相电压AD1	0.000 V	0.000 °
11	Ⅱ母C相电压AD1	0.000 V	0.000 °
12	Ⅱ母零序电压AD1	0.000 V	0.000 °
13	Ⅱ母负序电压AD1	0.000 V	0.000 °
14	Ⅱ母AB线电压AD1	0.000 V	0.000 °
15	Ⅱ母BC线电压AD1	0.000 V	0.000 °
16	Ⅱ母CA线电压AD1	0.000 V	0.000 °
17	支路1_A相电流AD1	1.003 A	0.000 °
18	支路1_B相电流AD1	1.002 A	240.113 °
19	支路1_C相电流AD1	1.002 A	120.002 °
20	支路2_A相电流AD1	0.000 A	0.000 °
21	支路2_B相电流AD1	0.000 A	0.000 °

图 4-6　幅值特性检查

（三）相位特性检验

1. 测试方法

通过测试仪在端子排施加 $0.1I_N$ 电流、U_N 电压值，调节电流、电压相位分别为 120°、0°。

2. 合格判据

根据《继电保护及安全自动装置检测规范　第 2 部分：继电保护装置专用功能测试》（Q/GDW 11056.2—2013）要求，方向元件动作边界允许误差为 ±3°，相位特性检查见图 4-7。

	名称	值	相角
1	Ⅰ母A相电压AD1	57.828 V	0.000 °
2	Ⅰ母B相电压AD1	0.000 V	0.000 °
3	Ⅰ母C相电压AD1	0.000 V	0.000 °
4	Ⅰ母零序电压AD1	57.864 V	0.000 °
5	Ⅰ母负序电压AD1	19.288 V	0.000 °
6	Ⅰ母AB线电压AD1	57.835 V	0.000 °
7	Ⅰ母BC线电压AD1	0.000 V	0.000 °
8	Ⅰ母CA线电压AD1	57.839 V	0.000 °
9	Ⅱ母A相电压AD1	0.000 V	0.000 °
10	Ⅱ母B相电压AD1	0.000 V	0.000 °
11	Ⅱ母C相电压AD1	0.000 V	0.000 °
12	Ⅱ母零序电压AD1	30.000 V	0.000 °
13	Ⅱ母负序电压AD1	0.000 V	0.000 °
14	Ⅱ母AB线电压AD1	0.000 V	0.000 °
15	Ⅱ母BC线电压AD1	0.000 V	0.000 °
16	Ⅱ母CA线电压AD1	0.000 V	0.000 °
17	支路1_A相电流AD1	0.100 A	121.927 °
18	支路1_B相电流AD1	0.000 A	0.000 °
19	支路1_C相电流AD1	0.000 A	0.000 °
20	支路2_A相电流AD1	0.000 A	0.000 °
21	支路2_B相电流AD1	0.000 A	0.000 °
22	支路2_C相电流AD1	0.000 A	0.000 °

图 4-7　相位特性检查

任务三 开入量检查

》【任务描述】

本任务主要讲解开关量检查内容。通过对保护装置、保护专网以及管理单元的操作，了解装置开入开出的原理及功能。

》【知识要点】

（1）隔离开关位置。双母线上各支路元件在系统运行中需要经常在两条母线上切换，可通过隔离开关位置控制字定义支路连接于哪条母线，有助于保护正确识别母线的运行方式，进而直接影响到母线保护动作的正确性。

（2）失灵触点。当有支路或母联间隔保护装置发出保护动作跳闸命令时，会向母线保护发送该间隔失灵触点开入量的 GOOSE 信号，检查母线保护能否收到该开入量。

（3）母联位置和手合位置。母线保护装置通过母联开关位置、SHJ 开入完成母联充电保护。

（4）检修压板。

》【技能要领】

一、隔离开关位置检查

测试方法如下：

（1）在智能管理单元确认母线保护隔离开关强制软压板都在退出状态。

（2）依次对该母线上各支路间隔的母线隔离开关（1G 和 2G）依次进行分、合闸操作。

（3）在智能管理单元母线保护"开关量"一栏依次检查隔离开关位置变位情况。

支路隔离开关开入测试如图 4-8 所示。

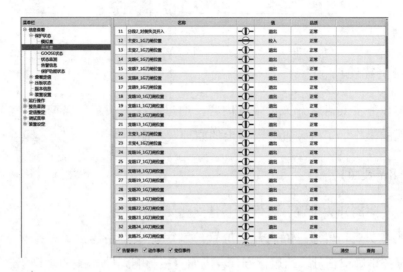

图 4-8　支路隔离开关开入测试

二、母联开关位置及手合开入检查

测试方法如下：

（1）实际对母联开关进行手分（遥分）、手合（遥合）操作。

（2）查看智能管理单元母线保护装置中母联开关位置 GOOSE 开入量和 SHJ 开入量。

母联位置及 SHJ 开入测试见图 4-9。

图 4-9　母联位置及 SHJ 开入测试

三、失灵触点开入检查

测试方法如下：

（1）在智能管理单元退出该母线保护装置上各支路对应的"启动失灵开入软压板"。

（2）投入测试支路（线路/主变压器）对应的"启动失灵开入软压板"。

（3）投入该支路（线路/主变压器）保护装置的"启失灵GOOSE发送软压板"。

（4）模拟该支路（线路/主变压器）保护故障或开出传动。

（5）在智能管理单元母线保护装置中查看该支路（线路/主变压器）的失灵开入信息。

（6）依次退出（2）、（3）中软压板，进行反向逻辑验证。

（7）对其余间隔重复此试验。

失灵开入测试如图4-10所示。

图4-10 失灵开入测试

四、检修压板开入检查

（一）测试方法

（1）在智能管理单元"运行操作"界面操作"功能软压板"，将"装置检修软压板"投入。

（2）在智能管理单元"信息查看"中"压板状态"一栏检查"装置检修软压板"变位情况。

（3）并在智能管理单元"运行操作"中"告警信息"一栏检查检修压板投入后装置告警信息。

（二）合格判据

智能管理单元中操作"装置检修软压板"后，在"压板状态"中看到"装置检修软压板"可靠变位，同时告警信息中也有"检修状态"投入相关告警信号操作案例，见图 4-11。

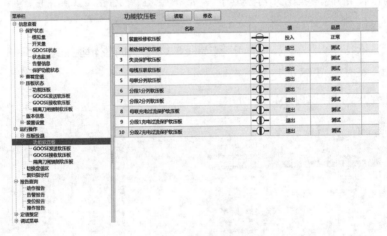

图 4-11　检修压板投入

任务四　功能校验

》【任务描述】

本任务主要讲解定值修改及功能校验内容。通过对保护装置定值功能的校验，熟练掌握查看、修改定值的操作；掌握母线差动保护、断路器失灵保护、母联失灵保护和母联死区保护等定值核对及功能校验具体内容。

> **【知识要点】**

(1) 定值核对。

(2) 母线差动保护定值校验。

(3) 复合电压闭锁定值校验。

(4) 大差比率系数定值校验。

(5) 断路器失灵保护。

(6) 母联失灵保护。

(7) 母联死区保护。

> **【技能要领】**

一、定值核对

在智能管理单元母线保护装置内定值菜单中进行定值的调取和修改，并跟整定单进行逐一核对。

二、母线差动保护定值校验

（一）保护原理

母线差动保护主要由大差元件、小差元件、TA饱和检测元件、电压闭锁元件、运行方式识别元件构成。其中，大差电流是根据母线上所有连接元件（母联除外）电流采样值计算得到，用以区分母线区内和区外故障。小差电流由各段母线上所有连接元件（包括母联）电流采样值计算得到，用以选择故障母线。

区外故障时，母线保护不动作；区内故障且大差电流幅值大于差动保护启动电流定值时，母线保护动作；区内故障且大差电流幅值小于差动保护启动电流定值时，母线保护不动作。

（二）测试方法

本测试的差动保护启动电流定值为1.5A。

1. 区外故障

(1) 投入母线保护功能软压板和母线保护控制字。

(2) 任选同一条母线上的两条变比相同的支路，投入两条支路 SV 接收软压板。

(3) 电压开放，并对该两支路某相加入大小相等、方向相反的电流，电流幅值为 1.05 倍差动保护启动电流定值。大差电流、小差电流均为零，差动保护不动作。

2. 区内故障

(1) 投入母线保护功能软压板和母线保护控制字。

(2) 任选一条母线上的一条支路，投入该条支路 SV 接收软压板。

(3) 电压开放，并加入 1.05 倍差动保护启动电流定值的电流，母线差动保护瞬时动作，切除母联及该支路所在母线上的所有支路，差动跳闸信号灯应亮。

3. 倒闸过程中母线区内故障

(1) 母联开关合位，并投入母线互联软压板。

(2) 投入该支路开关母线侧两把闸刀（1G 和 2G）。

(3) 同"区内故障"测试步骤。

以区内故障为例，模拟Ⅱ母某支路 A 相接地电流 1.05 倍定值，装置加量如表 4-2 所示。

表 4-2　　　　　　　　　　　模拟 A 相接地故障加量

状态	名称	幅值	名称	幅值
故障状态	U_a	0V∠0	I_a	1.575A∠0°
	U_b	57.7V∠-120°	I_b	0
	U_c	57.7V∠120°	I_c	0

保护装置动作报文、差动跳闸信号如图 4-12 所示。

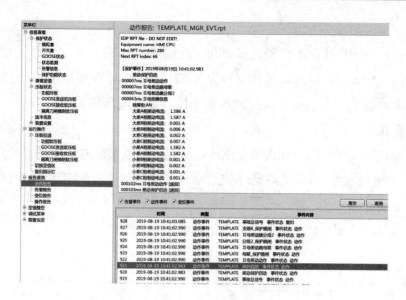

图 4-12　差动动作报文

三、复合电压闭锁定值校验

(一) 保护原理

电压闭锁元件的判据为

$$U_\phi \leqslant U_{OP}，3U_0 \leqslant U_{0OP}，U_2 \leqslant U_{2OP}$$

式中：U_ϕ 为相电压；$3U_0$ 为三倍零序电压（自产）；U_2 为负序相电压；U_{OP} 为相电压闭锁值，固定为 $0.7U_N$；U_{0OP} 和 U_{2OP} 分别为零序、负序电压闭锁值，分别固定为 6V 和 4V。

以上三个判据任一个动作时，电压闭锁元件开放。在动作于故障母线跳闸时，必须经相应的母线电压闭锁元件闭锁。对于双母双分的分段开关来说，差动跳分段不需经电压闭锁。

(二) 测试方法

本测试的低电压闭锁定值为 40V；零序电压闭锁定值为 6V，则 A 相电压幅值为 $57.7 - mU_{OP}$，B 和 C 相电压幅值为正常值；负序电压闭锁定值为 4V，则 A 相电压幅值为 $57.7 - mU_{0OP}$，B 和 C 相电压幅值为正常值。$m = 1.05$ 时，复合电压闭锁元件开放；$m = 0.95$ 时，复合电压闭锁元件不开放。

（1）投入母线保护功能软压板和母线保护控制字。

（2）加入三相电压，每相电压为 $0.95U_{OP}$，并对 A 相加入 1.05 倍差动保护启动电流；满足低电压闭锁开放条件，复合电压闭锁元件开放，差动保护动作。

（3）取 $m=1.05$，加入三相电压，满足零序或负序电压闭锁开放条件，并对 A 相加入为 1.05 倍差动保护启动电流，复合电压闭锁元件开放，差动保护动作。

以低电压闭锁条件为例，装置加量如表 4-3 所示。

表 4-3 模拟低电压闭锁开放加量

状态	名称	幅值	名称	幅值
故障状态	U_a	38V∠0°	I_a	1.575A∠0°
	U_b	38V∠−120°	I_b	0
	U_c	38V∠120°	I_c	0

保护装置动作报文如图 4-13 所示。

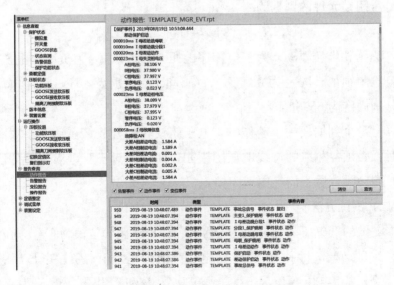

图 4-13 差动动作报文

四、大差比率系数定值校验

(一) 保护原理

常规比率差动元件动作判据为

$$\left|\sum_{j=1}^{m} I_j\right| = I_{cdzd}$$

$$\left|\sum_{j=1}^{m} I_j\right| > K\sum_{j=1}^{m} |I_j|$$

式中：K 为比率制动系数；I_j 为第 j 个连接元件的电流；I_{cdzd} 为差动电流启动定值。

比率制动曲线如图 4-14 所示。

为防止在母联开关断开的情况下，弱电源侧母线发生故障时大差比率差动元件的灵敏度不够，比例差动元件的比率制动系数设高低两个定值：大差高值固定取 0.5，小差高值固定取 0.6；大差低值固定取 0.3，小差低值固定取 0.5。当大差高值和小差低值同时动作，或大差低值和小差高值同时动作时，比率差动元件动作。

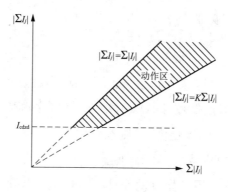

图 4-14　比率制动曲线

(二) 测试方法

本测试只验证大差比率系数高值和低值。母联开关处于合位时，进行大差比率系数高值校验；母联开关处于分位时，进行大差比率系数低值校验。大差比率系数误差不大于 5%。

1. 大差比率系数高值校验

（1）母联开关合位，并投入母线互联软压板。

（2）同"区外故障"测试步骤（1）和（2）。

（3）任选Ⅰ母上的两条变比相同的支路，并投入两条支路 SV 接收软压板。

（4）再任选母线上一条变比相同的支路，并投入该支路 SV 接收软压板。

（5）模拟区内Ⅱ母故障，电压开放。

（6）对母上两条支路 A 相加入大小相同、方向相反的电流 I_1 和 I_2，对Ⅱ母上支路 A 相加入电流 I_3。

（7）电流 I_1 和 I_2 幅值不变，以步长 0.05A 改变电流 I_3 幅值，使母线保护由"不动作"到"动作"，记录所加电流。

（8）计算 K 值和误差，验证大差比率系数高值。

2. 大差比率系数低值校验

（1）母联开关分位，并投入母联分列软压板。

（2）同"大差比率系数高值校验"测试步骤（2）～（7）。

（3）计算 K 值和误差，验证大差比率系数低值。

五、断路器失灵保护

（一）保护原理

对于线路间隔，当失灵保护检测到分相跳闸触点动作时，若该支路的对应相电流大于有流定值门槛（$0.04I_N$），且零序电流大于零序电流定值（或负序电流大于负序电流定值），则经过失灵保护电压闭锁后失灵保护动作跳闸；当失灵保护检测到三相跳闸触点均动作时，若三相电流均大于 $0.1I_N$ 且任一相电流工频变化量动作（引入电流工频变化量元件的目的是防止重负荷线路的负荷电流躲不过三相失灵相电流定值导致电流判据长期开放），则经过失灵保护电压闭锁后失灵保护动作跳闸。

对于主变压器间隔，当失灵保护检测到失灵启动触点动作时，若该支路的任一相电流大于三相失灵相电流定值，或零序电流大于零序电流定值（或负序电流大于负序电流定值），则经过失灵保护电压闭锁后失灵保护动作跳闸。

失灵保护动作 1 时限跳母联（或分段）开关，2 时限跳失灵开关所在母线的全部连接支路。任一支路失灵开入保持 10s 不返回，装置报"失灵长期启动"，同时将该支路失灵保护闭锁。

（二）测试方法

本测试的三相失灵相电流定值为 0.5A，失灵零序电流定值为 0.4A，失灵负序电流定值为 0.2A，失灵保护 1 时限为 0.2s，失灵保护 2 时限为 0.4s。

当取 0.95 倍的电流定值时，失灵保护不动作；当取 1.05 倍的电流定值时，失灵保护动作。

1. 线路失灵保护校验

（1）投入失灵保护功能软压板、失灵保护控制字。

（2）任选 I 段母线上的一条线路支路，投入该支路启动失灵开入 GOOSE 接收软压板。

（3）电压开放，对该支路加入 1.05 倍的三相失灵相电流定值。同时，用测试仪开入该支路对应相的分相失灵启动开入或三跳失灵启动开入 GOOSE 信号，开入时间不超过 500ms。

（4）失灵保护动作，经 1 时限切除母联，经 2 时限切除该段母线的其余所有支路，失灵跳闸信号灯亮。

（5）在步骤（3）中加入单相电流，幅值依次变为 1.05 倍的失灵零序电流定值和 1.05 倍的失灵负序电流定值，进行失灵零序电流定值和失灵负序电流定值校验。

2. 主变压器失灵保护校验

（1）投入失灵保护功能软压板、失灵保护控制字。

（2）任选 I 段母线上的一条主变压器支路，投入该支路启动失灵开入 GOOSE 接收软压板。

（3）电压开放，对主变压器支路加入 1.05 倍的三相失灵相电流定值。同时，用测试仪开入该支路三跳失灵启动开入 GOOSE 信号，开入时间不超过 500ms。

（4）失灵保护动作，经 1 时限切除母联，经 2 时限切除该段母线的其余所有支路，失灵跳闸信号灯亮。

（5）在步骤（3）中加入单相电流，幅值依次变为 1.05 倍的失灵零序电流定值和 1.05 倍的失灵负序电流定值，进行失灵零序电流定值和失灵负序电流定值校验。

以线路失灵保护校验为例，装置加量如表 4-4 所示。

表 4-4　模拟线路失灵加量

状态	名称	幅值	名称	幅值
故障状态	U_a	0V∠0°	I_a	0.42A∠0°
	U_b	0V∠0°	I_b	0
	U_c	0V∠0°	I_c	0
	试验开入		相应支路 A 相启失灵开入	

保护装置动作报文、失灵跳闸信号如图 4-15 所示。

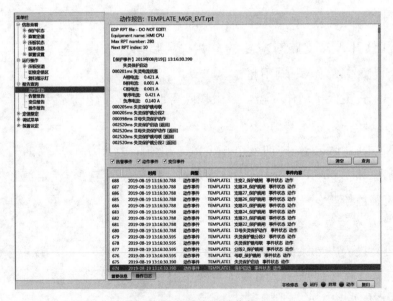

图 4-15　线路失灵动作报文

六、母联失灵保护

（一）保护原理

当母线保护或者母联过流保护动作向母联发跳令后，经整定延时母联电流仍然大于母联失灵电流定值时，母联失灵保护经各母线电压闭锁分别跳相应的母线。

装置具备外部保护启动本装置的母联失灵保护功能，当装置检测到"母联＿三相启动失灵开入"后，经整定延时母联电流仍然大于母联失灵电流定值时，母联失灵保护分别经相应母线电压闭锁后经母联分段失灵时间切除相应母线上的分段开关及其他所有连接元件。该开入若保持10s不返回，装置报"母联失灵长期启动"，同时退出该启动功能。

（二）测试方法

本测试的母联分段失灵电流定值为0.8A，母联分段失灵时间为0.2s。

当取0.95倍的电流定值时，母联失灵保护不动作；当取1.05倍的电流定值时，母联失灵保护动作。注意：由于该套母联保护装置至母线保护装置没有启失灵回路，故采用母线保护启失灵的方式进行功能校验。

（1）母联开关合位，且退出母联保护跳闸出口压板。

（2）在Ⅰ母和Ⅱ母上各选一条变比相同的线路支路，投入该两条支路间隔的SV接收软压板。

（3）电压开放，并对该两条支路A相通入大小相等、方向相同的电流，对母联间隔通入大小相等、方向相反的电流，使Ⅱ母线保护动作。

（4）继续对Ⅰ母支路和母联间隔A相通入大小相等、方向相反的电流。

（5）延时200ms后，失灵保护动作，切除Ⅰ母上所有间隔开关。

以母联失灵保护校验为例，装置加量如表4-5所示。

表 4-5   **模 拟 母 联 失 灵 家 量**

状态	名称	幅值	名称	幅值
故障状态	U_a	0V∠0°	I_a	0.84A∠0°（支路1）
	U_b	0V∠0°	I_b	0.84A∠0°（支路2）
	U_c	0V∠0°	I_c	0.84A∠180°（母联）

母联失灵保护动作如图4-16所示。

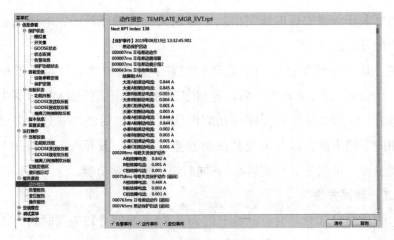

图 4-16　母联失灵动作报文

七、母联死区保护

(一) 保护原理

母联死区保护在差动保护发出母线跳闸命令且母联断路器已跳开，但母联 TA 仍然有电流，且大差元件及断路器侧小差元件不返回的情况下，经一定延时后判定为死区故障，母联 TA 退出小差计算，由差动保护发出跳闸命令切除死区故障。

为防止母联在跳位时发生死区故障将母线全切除，当保护未启动，两母线处运行状态、母联分列运行压板投入且母联在跳位时，母联电流不计入小差。

(二) 测试方法

对母线在并列运行和分列运行两种状态下分别进行测试。母线并列运行时，母联开关跳开后的母联 TA 值要大于 $0.1I_N$，经 150ms 延时后，母联 TA 退出小差计算；母线分列运行时，母联开关跳开后的母联 TA 值要大于 $0.04I_N$，经 400ms 延时后，母联 TA 退出小差计算。

1. 母线并列运行

(1) 母联开关合位，投入母线保护功能软压板、母线保护控制字和母联间隔 SV 接收软压板。

(2) 在Ⅰ母和Ⅱ母上各选一条变比相同的线路支路，投入两条支路间隔的 SV 接收软压板。

（3）电压开放，并对该两条支路 A 相通入大小相等、方向相同的电流，对母联间隔通入大小相等、方向相反的电流，使Ⅱ母线动保护动作。

（4）继续对Ⅰ母支路和母联间隔 A 相通入大小相等、方向相反的电流。

（5）延时 150ms 后，母线保护动作，切除Ⅰ母上所有间隔的开关。

2. 母线分列运行

（1）母联开关分位，并投入母联分列软压板。

（2）投入母线保护功能软压板、母线保护控制字。

（3）在Ⅰ母任选一条线路支路，投入该支路和母联间隔的 SV 接收软压板。

（4）Ⅰ母电压开放，并对该条支路和母联间隔 A 相通入大小相等、方向相反的电流，母线保护动作，切除Ⅰ母上所有间隔的开关。

以母联分列运行为例进行母联死区保护校验，装置加量如表 4-6 所示。

表 4-6 模拟母联分列死区加量

状态	名称	幅值	名称	幅值
故障状态	U_a	0V∠0°	I_a	0.84A∠0°（支路1）
	U_b	0V∠0°	I_b	0.84A∠180°（母联）
	U_c	0V∠0°	I_c	0A∠0°

死区保护运作如图 4-17 所示。

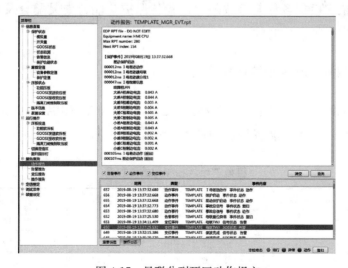

图 4-17 母联分列死区动作报文

任务五 整 组 传 动

》【任务描述】

本任务主要讲解开关传动，通过开关联动试验，了解保护装置的动作机制，验证保护功能正确性。

》【知识要点】

整组试验是在保护所有功能投入状态下模拟故障，根据保护动作逻辑及开关变位情况，观察保护装置动作情况是否正确。

》【技能要领】

(1) 投入差动保护、失灵保护等所有保护功能。

(2) 确认装置整定值按整定单正确放置。

(3) 确认各支路开关合位，检查出口软压板与硬压板均正常。

(4) 首先加入故障前正常状态，使保护 TV 断线复归。

(5) 依次模拟各种典型故障，检验各保护功能、失灵配合及开关传动情况，测定保护动作时间。

一、模拟Ⅰ母 A 相接地故障

故障电流设定为 $2I_{Hcd}$，非故障相电流为 0，故障相电压为 30V、非故障相电压为 57.7V。装置加量如表 4-7 所示。

表 4-7 模拟Ⅰ母 A 相接地故障加量

状态	名称	幅值	名称	幅值
故障状态	U_a	30V∠0°	I_a	0.84A∠0°
	U_b	57.7V∠−120°	I_b	0A∠0°
	U_c	57.7V∠120°	I_c	0A∠0°

差动动作时间应小于 15ms，Ⅰ母各支路正确动作。差动保护整组传动报文如图 4-18 所示。

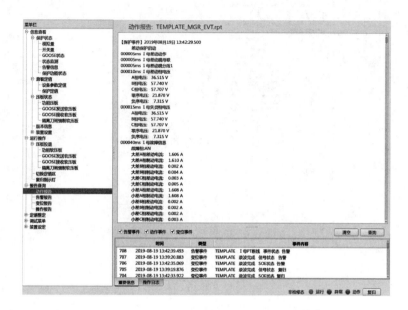

图 4-18 差动保护整组传动报文

二、模拟Ⅰ段母线上的复合电压元件动作

L2 开关失灵启动母差触点开入，装置加量如表 4-8 所示。

表 4-8 模拟Ⅰ母 L2 开关启失灵故障加量

状态	名称	幅值	名称	幅值
故障状态	U_a	30V∠0°	I_a	0.42A∠0°（支路 2）
	U_b	57.7V∠−120°	I_b	0A∠0°
	U_c	57.7V∠120°	I_c	0A∠0°
试验开入			L2 开关失灵启动母差开入	

测试失灵跳母联以及失灵跳Ⅰ母的动作时间是否符合定值。失灵保护整组传动报文如图 4-19 所示。

图 4-19　失灵保护整组传动报文

第五章

220kV就地化变压器保护调试

项目一

PAC-878就地化变压器保护调试

【项目描述】

本项目包含模拟量检查、开关量检查、功能校验、整组传动等内容。本项目编排以《继电保护和电网安全自动装置检验规程》（DL/T 995—2016）为依据，融合了变电二次现场作业管理规范和实际作业情况等内容。通过本项目的学习，了解 220kV 就地化变压器保护工作的原理，熟悉就地化变压器保护装置的回路，掌握常规校验项目。

任务一　调　试　准　备

【任务描述】

本任务通过讲解 PAC-878 分布式变压器保护现场设备组成、回路特点，熟悉需调试的就地化保护设备并做好相关准备工作。

【知识要点】

（1）连接器。
（2）分布式变压器保护。
（3）集中式变压器保护。

【技能要领】

一、掌握连接器定义

就地化保护采用标准的航空插头，航插采用 IP67 等级的防护水平，防尘防水，航插将开入、开出、交流和光纤等密集排放在插座和插头内，占用空间大幅缩小，安装和更换方便，每个航插都应有色带标识和硬件防误措施，每台装置的各个航插不能交叉连接，从根本上防止了插错位置的可能，对于航插的排布顺序以及每个航插中的插针定义应该有明确的标准要求。

(一) 分布式变压器保护标准化接口设计

分布式变压器保护连接器布置如图 5-1 所示，保护端子接线定义详见附录 D 表 D.1。

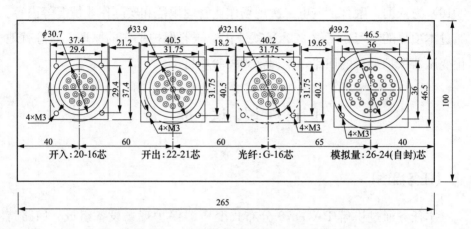

图 5-1　分布式变压保护专用连接器布置示意

注：正方形浅槽深度推荐 2～4mm。

分布式变压器保护装置共配置 4 个航插，从左到右依次定义为电源＋开入、开出、光纤、电流＋电压，如表 5-1 所示。

表 5-1　　　　　常规互感器接入分布式变压器保护专用连接器

序号	项目	电源＋开入	开出	光纤	电流＋电压
	编号	1	2	3	4
1	导线截面积（mm²）	1.5	1.5	芯径：多模 62.5μm	2.5
2	航插芯数	16（7＋9 备用）	21（17＋4 备用）	16	24 芯（16 芯电流带自短接＋6 芯电压＋2 备用）
3	色带颜色	绿色	黑色	蓝色	红色

注 光纤为成对光纤。

220kV 分布式变压器保护模拟量输入和开关量输出定义详见附录 D 表 D.2 和表 D.3。

134

（二）集中式变压器保护标准化接口设计

集中式变压器保护连接器布置如图 5-2 所示，保护端子接线、模拟量输入/开关量输出端子定义详见附录 D 表 D.4。

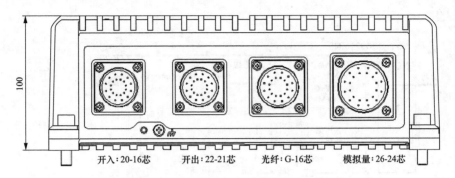

开入：20-16芯　　开出：22-21芯　　光纤：G-16芯　　模拟量：26-24芯

图 5-2　集中式变压器保护连接器布置

集中式变压器保护装置共配置 6 个航插，从左到右依次定义为电源＋开入、开出、光纤、电流＋电压（3 个），如表 5-2 所示。

表 5-2　　　　　　　常规互感器接入集中式变压器保护专用连接器

序号	项目	电源＋开入	开出	光纤	电流＋电压	电流＋电压	电流＋电压
	编号	1	2	3	4	5	6
1	导线截面积（mm²）	1.5	1.5	芯径：多模 62.5μm	2.5	2.5	2.5
2	航插芯数	16	37	16	24 芯（16 芯电流带自短接＋8 芯电压）	24 芯（16 芯电流带自短接＋8 芯电压）	24 芯（16 芯电流带自短接＋8 芯电压）
3	色带颜色	绿色	黑色	蓝色	红色	橙色	白色

注　光纤为成对光纤。

二、了解 220kV 分布式变压器保护

就地化分布式变压器保护由多台就地化保护子机构成，各保护子机通过双向双环网通信，共享信息，协同运行。保护子机负责完成模拟量、开关量采集，并且接收其余各个子机的采集信息，完成全部保护逻辑运算并负责本子机对应间隔跳闸出口，接入就地化保护专网对外

通信。

220kV 分布式变压器保护由高压侧子机、中压侧子机、低压 1 侧子机、低压 2 侧子机、本体子机（可选）构成，保护网络接线示例如图 5-3 所示。

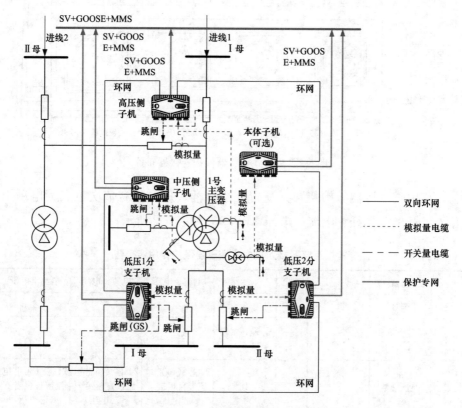

图 5-3　220kV 分布式变压器保护网络接线示例

三、了解 220kV 集中式变压器保护

集中式变压器保护由 1 台就地化保护装置完成变压器各间隔模拟量、开关量采集，完成全部保护逻辑运算并负责跳闸出口，同时可接入保护专网对外通信。

220kV 集中式变压器保护网络接线示例如图 5-4 所示。

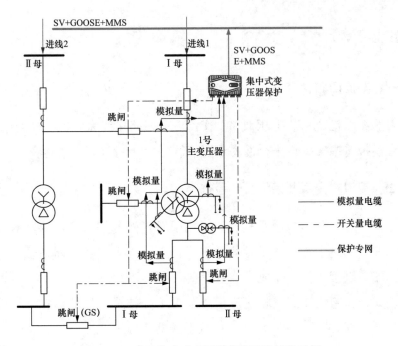

图 5-4　220kV 集中式变压器保护网络接线示例

任务二　模拟量检查

⟩⟩【任务描述】

　　本任务主要讲解模拟量检查内容。通过端子排加入模拟量，经过连接器在管理单元查看采样值，熟悉连接器与管理单元，熟悉使用常规继电保护测试仪对保护装置进行加量，了解零漂检查、模拟量幅值线性度检验、模拟量相对特性校验的意义和操作流程。

⟩⟩【知识要点】

　　（1）交流回路检查。

　　（2）模拟量查看及采样特性检查。

≫【技能要领】

一、交流回路检查

对照图纸检查交流电压回路、交流电流回路接线完整，绝缘测试良好，并结合模拟量检查确认采样通道与智能管理单元间对应关系正确。

二、模拟量查看及采样特性检查

分布式变压器模拟量通过各子机端子对各侧分别采样，环网数据共享使得在任一子机中均可显示各侧模拟量信息；集中式变压器模拟量通过保护装置端子直接采样，完成模拟量信息采集和显示。

例如，校验低压侧三相电流信息，对于分布式变压器，在低压侧子机交流航插 7-12 端子加量；对于集中式变压器，在第三个交流航插 9-14 端子加量。

分布式变压器和集中式变压器模拟量显示内容相同。

（一）零漂检查方法

1. 测试方法

端子上不加模拟量时，从智能管理单元查看装置采样的电流、电压零漂值。

2. 合格判据

根据《继电保护和安全自动装置通用技术条件》（DL/T 478—2013）要求：电流相对误差不大于 2.5% 或绝对误差不大于 $0.01I_N$；电压相对误差不大于 2.5% 或绝对误差不大于 $0.002U_N$。

3. 测试实例

启动模拟量和保护模拟量零漂显示值分别如图 5-5 和图 5-6 所示。

（二）幅值特性检验

1. 测试方法

（1）在交流电压测试时用测试仪为保护装置输入电压，用同时加对称正序三相电压方法检验采样数据，交流电压分别为 1、5、30、60V。

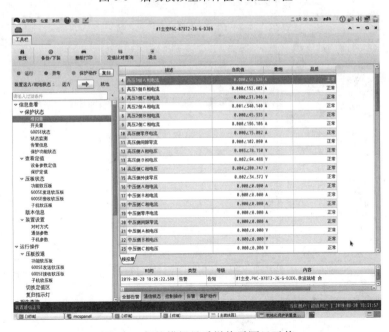

图 5-5 启动模拟量采样值零漂显示值

图 5-6 保护模拟量采样值零漂显示值

（2）在电流测试时可以用测试仪为保护装置输入电流，用同时施加对称正序三相电流方法检验采样数据，电流分别为 $0.05I_N$、$0.1I_N$、$2I_N$、$5I_N$。

2. 合格判据

根据《继电保护和安全自动装置通用技术条件》（DL/T 478—2013）要求：在 $0.05I_N \sim 20I_N$ 范围内，电流相对误差不大于 2.5％或绝对误差不大于 $0.01I_N$；在 $0.01I_N \sim 1.5U_N$ 范围内，电压相对误差不大于 2.5％或绝对误差不大于 $0.002U_N$。

在测试仪上加入交流量（见表 5-3），从智能管理单元读取保护测量和启动测量的交流量采样量（见图 5-7），两者相比较，其误差应满足规范要求。

表 5-3 测试仪所加交流量

状态	名称	幅值	名称	幅值
	U_a	$1V\angle 0°$	I_a	$0.05A\angle 0°$
状态一	U_b	$1V\angle -120°$	I_b	$0.05A\angle -120°$
	U_c	$1V\angle -120°$	I_c	$0.05A\angle -120°$

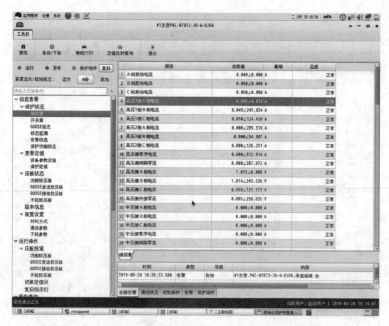

图 5-7　智能管理单元读取交流量采样量

（三）相位特性检验

1. 测试方法

通过测试仪在端子排施加 $0.1I_N$ 电流、U_N 电压值，调节电流、电压相位分别为 0°、120°。

2. 合格判据

根据《继电保护及安全自动装置检测规范　第 2 部分：继电保护装置专用功能测试》（Q/GDW 11056.2—2013）要求，方向元件动作边界允许误差为 ±3°。在测试仪上加入交流量（见表 5-4），从智能管理单元上交流量相位显示值如图 5-8 所示，两者相比较，其误差应不大于 3°。

表 5-4　　　　　　　　　　测试仪所加交流量

状态	名称	幅值	名称	幅值
状态一	U_a	57.735V∠0°	I_a	0.100A∠0°
	U_b	57.735V∠−120°	I_b	0.100A∠−120°
	U_c	57.735V∠−120°	I_c	0.100A∠−120°

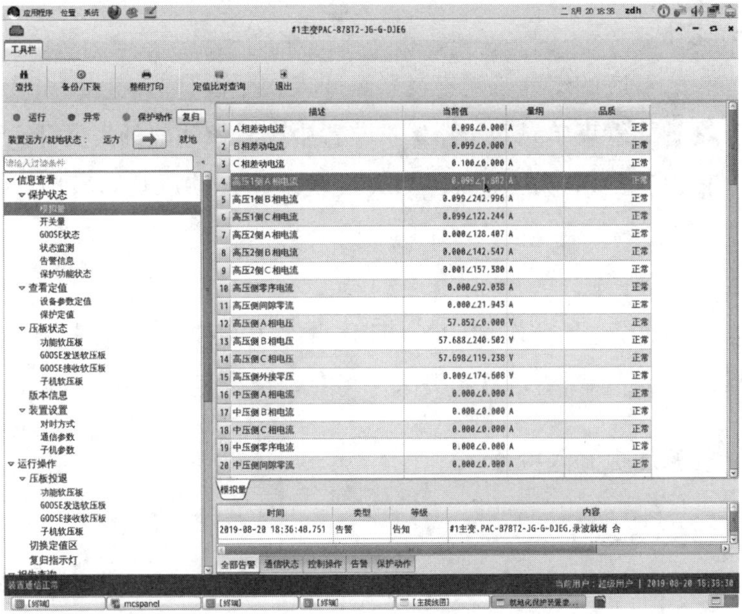

图 5-8　智能管理单元读取相位值

任务三 开 入 量 检 查

≫【任务描述】

本任务主要讲解开关量检查内容。通过对保护装置、保护专网以及管理单元的操作，了解装置开入开出的原理及功能。

≫【知识要点】

(1) 失灵联跳触点。
(2) 检修压板。

≫【技能要领】

一、失灵联跳触点开入检查

(一) 测试方法

(1) 投入对应的"高压侧失灵联跳开入软压板"。

(2) 在智能管理单元变压器保护装置中查看该间隔的失灵开入信息。

(3) 依次退出对应的"高压侧失灵联跳开入软压板"，进行反向逻辑验证。

(二) 合格判据

智能管理单元中操作"GOOSE 接收软压板"后，在投入、退出时"压板状态"中看到"失灵联跳开入"可靠变位（见图 5-9、图 5-10）。

二、检修压板开入检查

(一) 测试方法

(1) 在智能管理单元"运行操作"界面操作"功能软压板"，将"装置检修软压板"投入。

图 5-9　投入时"失灵联跳开入"变位

图 5-10　退出时"失灵联跳开入"变位

（2）在智能管理单元"信息查看"中"压板状态"一栏检查"装置检修软压板"变位情况。

（3）并在智能管理单元"运行操作"中"告警信息"一栏检查检修压板投入后装置告警信息。

（二）合格判据

智能管理单元中操作"装置检修软压板"后，在"压板状态"中看到"装置检修软压板"可靠变位（见图 5-11），在"操作报告"中显示装置告警信息（见图 5-12）。

图 5-11　投入时"装置检修软压板"变位

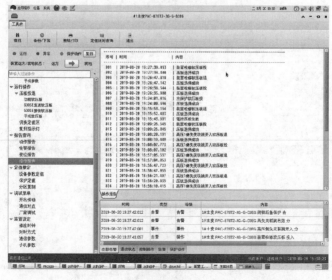

图 5-12　投入时"装置检修软压板"装置告警信息

任务四 功 能 校 验

》【任务描述】

本任务主要讲解定值核对及功能校验内容。通过对保护装置定值功能的使用，熟练掌握查看、修改定值的操作；通过纵差差动保护校验，熟悉保护的动作原理及特征，掌握纵差保护、高压侧后备保护和失灵联跳功能的调试方法。

》【知识要点】

（1）定值单核对。

（2）纵差差动定值校验。

（3）高压侧复压闭锁方向过电流保护校验。

（4）高压侧零序方向过电流保护校验。

（5）过负荷告警测试。

（6）失灵联跳功能测试。

》【技能要领】

一、定值单核对

在智能管理单元母线保护装置内定值菜单中进行定值的调取和修改，并跟整定单进行逐一核对。设备参数定值和定值单示例如图 5-13 和图 5-14 所示。

二、纵差差动定值校验

校验保护定值时需投入差动保护的功能压板。

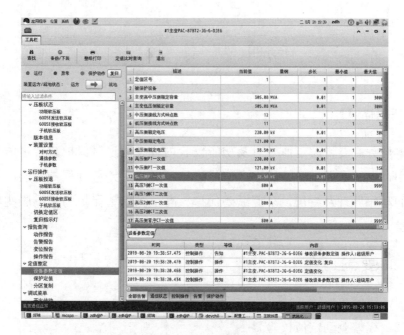

图 5-13 保护设备参数定值

序号	名称	别名	分组	值	量纲
1	高压侧额定电流		10	1.001	A
2	中压侧额定电流		10	1.000	A
3	低压侧额定电流		10	1.000	A
4	高压1侧纵差平衡系数		10	1.000	
5	高压2侧纵差平衡系数		10	1.000	
6	中压侧纵差平衡系数		10	1.000	
7	低1分支纵差平衡系数		10	1.001	
8	低2分支纵差平衡系数		10	1.001	
9	纵差启动电流定值		10	1.001	A
10	纵差最小制动电流		10	0.801	A
11	差动速断电流定值		10	6.005	A
12	高压侧过负荷定值		10	1.101	A
13	中压侧过负荷定值		10	1.100	A
14	低压侧过负荷定值		10	1.100	A
15	公共绕组过负荷定值		10	0.288	A

图 5-14 保护定值单

(一)检查内容

检查设备的定值设置,以及相应的保护功能和安全自动功能是否正常。

(二)检查方法

设置好设备的定值,通过测试系统给设备加入电流、电压量,观察设备面板显示和保护测试仪显示,记录设备动作情况和动作时间。

(三)差动速动段校验

1. 保护原理

由于纵差保护需要识别变压器的励磁涌流运行状态,当变压器内部发生严重故障时,不能够快速切除故障,对电力系统的稳定带来严重危害,所以配置差动速断保护,用来快速切除变压器严重的内部故障。当任一相差流电流大于差动速断电流定值时差动速断保护瞬时动作,跳开变压器各侧断路器。

差动速断保护的动作电流应按躲过变压器空投时最大的励磁涌流整定,一般取

$$I_{op} = KI_e$$

式中:I_e 为变压器的二次额定负荷电流;K 为倍数,视变压器容量和系统电抗大小,推荐值为 40~120MVA 的变压器可取 3.0~8.0,120MVA 及以上变压器可取 2.0~6.0。

差动速断保护的灵敏度系数按正常运行方式下保护安装处两相金属性短路计算,要求 $K_{sen} \geqslant 1.2$。

2. 测试方法

(1)投入主保护软压板。

(2)投入保护控制字"纵差差动速断""纵差差动保护"。

(3)退出其他保护软压板、控制字。

(4)模拟故障,设置测试仪输入故障电流 $I = mI_{dz}$(I_{dz} 为差动速断电流定值 6A),故障持续时间小于 30ms。

(5)模拟故障,设置故障电流为 1.05 倍差动速断电流定值,应可靠动作。

（6）模拟故障，设置故障电流为 0.95 倍差动速断电流定值，应可靠不动作。

（7）模拟故障，设置故障电流为 2 倍差动速断电流定值，测试保报动作时间。

3. 测试实例

校验差动速断电流定值（差动速断电流定值为 6 倍高压侧额定电流）：模拟故障电流为 1.05 倍速断电流定值，保护动作情况如图 5-15 所示。

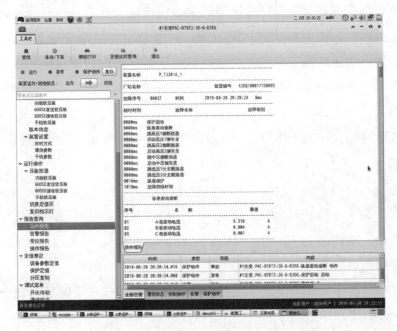

图 5-15　模拟单相短路差速断保护动作实例

（四）比率制动特性检验

1. 保护原理

纵差保护能反映变压器内部相间短路故障、高（中）压侧单相接地短路及匝间层间短路故障，既要考虑空投变压器时的励磁涌流，同时也要考虑 TA 断线、TA 饱和、TA 暂态特性不一致的情况。

纵差保护动作方程如下

$$\begin{cases} I_{op} > I_{op.0} & (I_{res} \leqslant 0.8I_e) \\ I_{op} \geqslant I_{op.0} + S(I_{res} - 0.8I_e) & (0.8I_e < I_{res} \leqslant 6I_e) \\ I_{op} \geqslant I_{op.0} + S(6I_e - 0.8I_e) + 0.6(I_{res} - 6I_e) & (I_{res} > 6I_e) \end{cases}$$

式中：I_{op} 为差动电流，$I_{op.0}$ 为纵差保护启动电流定值，I_{res} 为制动电流，S 为比率制动系数（装置默认为 0.5），I_e 为差动保护的基准电流（通常以高压侧额定电流为基准），各侧电流的方向都以指向变压器为正方向。

比率差动动作曲线如图 5-16 所示。

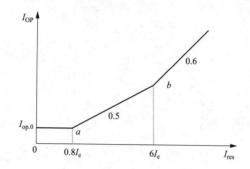

图 5-16　PAC-878 保护装置纵差保护动作特性

2. 测试方法

（1）投入差动保护软压板。

（2）投入保护控制字"纵差差动保护"。

（3）退出其他保护软压板、控制字。

（4）高压侧 A 相加入电流 $\sqrt{3}I_{he}\angle0°$，低压侧 A 相加入电流 $I_{he}\angle180°$，低压侧 C 相加入电流 $I_{he}\angle0°$。以 0.01A 步长减小低压侧 A 相电流使装置产生纵差 A 相差流直到保护动作，记录下保护动作时的制动电流和差流。

（5）改变高压侧 A 相加入电流 $2\sqrt{3}I_{he}\angle0°$，低压侧 A 相加入电流 $2I_{he}\angle180°$，低压侧 C 相加入电流 $2I_{he}\angle0°$。以 0.01A 步长减小低压侧 A 相电流使装置产生纵差 A 相差流直到保护动作，记录下保护动作时的制动电流和差流。

（6）由两次试验记录下来的点，得到制动曲线。

（7）利用以上方法，得到差动各段曲线。

3. 测试实例

校验差动保护电流定值：模拟故障电流为 1.05 倍差动保护电流定值，保护动作情况如图 5-17 所示。

图 5-17　模拟单相短路差动保护动作实例

三、高压侧复压闭锁方向过电流保护检验

复压过电流保护作为变压器或相邻元件的后备保护，对各侧复压过电流保护的各时限、复合电压元件及相间功率方向元件可通过相应保护投退控制字进行投退。

(一) 保护原理

1. 过电流元件

当 A、B、C 任一相电流满足下列条件时，过电流元件动作

$$I > I_{op}（I_{op} 为动作电流整定值）$$

2. 复压元件

复合电压判别由负序电压和低电压两部分组成。负序电压反映系统的不对称故障，低电压反映系统对称故障。

下列两个条件中任一条件满足时，复合电压判据动作

$U_2 > U_{2.\text{op}}$（$U_{2.\text{op}}$ 为负序相电压整定值）

$U < U_{\text{op}}$（U_{op} 为低电压整定值，U 为三个线电压中最小的一个）

3. 相间功率方向元件

相间功率方向元件采用 90°接线方式，接入保护装置的 TA 和 TV 极性如图 5-18 所示，TA 正极性端在母线侧。

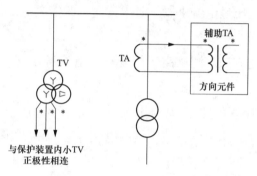

图 5-18　相间方向元件 TA 与 TV 的极性接线图

方向元件判据方程（以 $\dot{I}_A$，$\dot{U}_{BC}$ 为例）

$$R_e[\dot{U}_{BC} \cdot \hat{I}_A \cdot e^{-j\phi_{\text{sen}}}] > 0 \ (\phi_{\text{sen}} \text{为灵敏角})$$

方向元件的方向电压固定取本侧，方向指向变压器时，"高复压过电流Ⅰ（Ⅱ）段指向母线"需整定为 0，此时灵敏角固定为 −30°；方向指向母线时，"复压过电流Ⅰ（Ⅱ）段指向母线"需整定为 1，此时灵敏角固定为 150°，方向元件的动作区如图 5-19 所示，阴影部分为动作区。

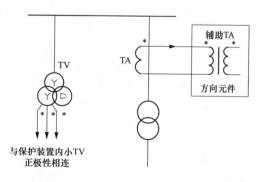

图 5-19　相过电流方向元件指向（左图指向变压器，右图指向母线）

（二）测试方法

（1）投入高压侧后备保护软压板。

（2）投入高压侧复压过电流Ⅰ段1时限控制字。

（3）退出其他保护软压板、控制字。

（4）高压侧复压过电流Ⅰ段1时限，在0.95倍电流定值时，可靠不动作。

（5）高压侧复压过电流Ⅰ段1时限，在1.05倍电流定值时，可靠动作。

（6）高压侧复压过电流Ⅰ段1时限，在1.2倍电流定值时，可靠动作，测量保护动作时间。

（7）利用上述方法，测试高压侧复压过电流各段各时限，保护应正确动作。

（8）投高压侧TV，退其他侧TV。

（9）高压侧通入1.2倍电流定值的电流，通入正常电压。

（10）同时以0.5V步长降低三相电压直到保护动作，该动作值应满足低电压闭锁定值。

（11）高压侧通入1.2倍电流定值的电流，通入正常电压。

（12）以0.5V步长降低单相电压直到保护动作，该负序电压应满足负序电压闭锁定值。

（13）高压侧通入1.2倍电流定值的电流，A相电压20V∠0°，电流角度从0°~360°改变，测试保护动作范围，误差不大于3°，并计算保护动作灵敏角。

（14）其他侧测试方法同上。

（三）测试实例

（1）高压侧复压闭锁方向过电流Ⅰ段1时限定值校验（定值0.25A，时间3.2s）。模拟故障电流为1.05倍电流定值，保护动作情况如图5-20所示。

（2）高压侧复压闭锁低电压定值校验。给测试仪加上1.2倍复压闭锁过电流Ⅰ段1时限定值电流，电压为正常电压，以0.5V步长同时降低三相电压，直至保护动作，测得复压闭锁低电压定值，保护动作情况如图5-21所示。

图 5-20 模拟高复流 I 段 1 时限保护动作实例

图 5-21 校验低电压定值实例

四、高压侧零序方向过电流保护校验

零序过电流保护，主要作为变压器中性点接地运行时接地故障的后备保护，对各侧零序方向过电流保护的各时限及零序功率方向元件可通过相应保护投退控制字进行投退。

(一) 保护原理

1. 零序过电流元件

高（中）压侧零序过电流保护的零序过电流元件可通过"零流Ⅰ（Ⅱ、Ⅲ）段采用自产零流"控制字选择自产零流或外接零流，控制字整定为"0"时，零序过电流元件取本侧外接零序电流；控制字整定为"1"时，零序过电流元件取本侧自产零序电流。

低压1（2）分支零序过电流保护的零序过流元件固定取本侧自产零序电流。

公共绕组零序过电流保护的零序过电流元件采用自产零序电流和外接零序电流"或门"判断，当公共绕组自产零序电流和外接零序电流同时存在时保护定值按公共绕组 TA 变比整定，保护装置根据公共绕组零序 TA 变比自动折算

$$3I_0 > I_{0op} \quad (I_{0op} 为零流动作电流整定值)$$

2. 零序功率方向元件

零序功率方向元件接入保护装置的 TA 和 TV 极性如图 5-22 所示，TA 正极性端在母线侧。

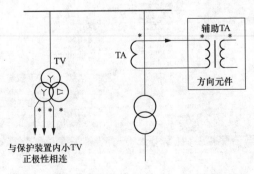

图 5-22　零序方向元件 TA 与 TV 间的极性连接

零序过电流保护判别方向用的电流为自产零序电流，判别方向用的电压为自产零序电压。

零功方向元件的动作判据方程为

$$R_{\text{e}}[3\dot{U}_0 \cdot 3\hat{I}_0 \cdot e^{-j\phi_{\text{sen}}}]>0\,(\phi_{\text{sen}} \text{为灵敏角})$$

当零功方向元件 TA、TV 接线极性符合图 5-22 所示接线原则时，方向指向变压器时，灵敏角为−110°；方向指向母线时，灵敏角为 70°，方向元件的动作区如图 5-23 所示，动作区域为阴影侧。

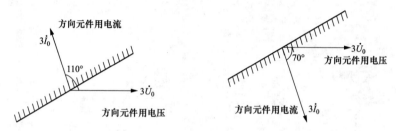

图 5-23　零序方向元件指向（左图指向变压器，右图指向母线）

（二）测试方法

（1）投入高压侧后备保护软压板。

（2）投入高压侧零序过电流Ⅰ段 1 时限控制字。

（3）退出其他保护软压板、控制字。

（4）高压侧零序过电流Ⅰ段 1 时限，在 0.95 倍电流定值时，可靠不动作。

（5）高压侧零序过电流Ⅰ段 1 时限，在 1.05 倍电流定值时，可靠动作。

（6）高压侧零序过电流Ⅰ段 1 时限，在 1.2 倍电流定值时，可靠动作，测量保护动作时间。

（7）利用上述方法，测试高压侧零序过电流各段各时限，保护应正确动作。

（8）投高压侧 TV，退其他侧 TV。

（9）高压侧通入 1.2 倍电流定值的电流，A 相电压 20V∠0°，电流角度从 0°～360°改变，测试保护动作范围，误差不大于 3°，并计算保护动作灵敏角。

（10）其他侧测试方法同上。

(三) 测试实例

(1) 高零序过电流Ⅰ段1时限定值校验。模拟故障电流为1.2倍电流定值，保护动作情况如图5-24所示。

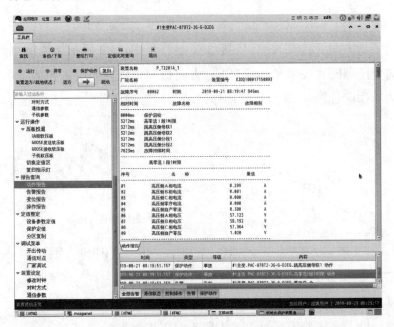

图5-24 模拟单相短路高零流Ⅰ段1时限保护动作实例

(2) 测试零序方向过电流保护Ⅰ段1时限动作区。测得保护在A相电流超前电压角度为21°和198°为动作边界，则动作区间为21°～198°，灵敏角为$3\dot{I}_0$超前$3\dot{U}_0$为109.5°。测试仪加量详见表5-5～表5-8，保护动作报文详见图5-25～图5-28。

表5-5 零序电流超前零序电压19°

状态	名称	幅值	名称	幅值
状态一	U_a	57.735V∠0°	I_a	0.00A∠0°
	U_b	57.735V∠−120°	I_b	0.00A∠−120°
	U_c	57.735V∠−120°	I_c	0.00A∠−120°
状态二	U_a	30.000V∠0°	I_a	0.30A∠−161°
	U_b	57.735V∠−120°	I_b	0.00A∠−120°
	U_c	57.735V∠−120°	I_c	0.00A∠−120°
状态时间			3300ms	

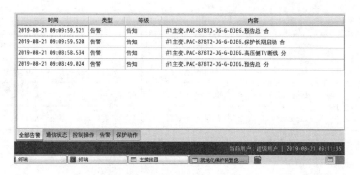

图 5-25 零序电流超前零序电压 19°保护不动作实例

表 5-6 零序电流超前零序电压 21°

状态	名称	幅值	名称	幅值
状态一	U_a	57.735V∠0°	I_a	0.00A∠0°
	U_b	57.735V∠−120°	I_b	0.00A∠−120°
	U_c	57.735V∠−120°	I_c	0.00A∠−120°
状态二	U_a	30.000V∠0°	I_a	0.30A∠−159°
	U_b	57.735V∠−120°	I_b	0.00A∠−120°
	U_c	57.735V∠−120°	I_c	0.00A∠−120°
状态时间				3300ms

图 5-26 零序电流超前零序电压 21°保护动作实例

表 5-7 零序电流超前零序电压 201°

状态	名称	幅值	名称	幅值
状态一	U_a	57.735V∠0°	I_a	0.00A∠0°
	U_b	57.735V∠−120°	I_b	0.00A∠−120°
	U_c	57.735V∠−120°	I_c	0.00A∠−120°

续表

状态	名称	幅值	名称	幅值
状态二	U_a	30.000V∠0°	I_a	0.30A∠21°
	U_b	57.735V∠−120°	I_b	0.00A∠−120°
	U_c	57.735V∠−120°	I_c	0.00A∠−120°
状态时间			3300ms	

时间	类型	等级	内容
2019-08-21 09:15:03.684	告警	告知	#1主变.PAC-878T2-JG-G-DJEG.预告总 分
2019-08-21 09:14:53.681	告警	告知	#1主变.PAC-878T2-JG-G-DJEG.预告总 合
2019-08-21 09:14:53.680	告警	告知	#1主变.PAC-878T2-JG-G-DJEG.保护长期启动 合
2019-08-21 09:13:13.506	告警	告知	#1主变.PAC-878T2-JG-G-DJEG.预告总 分
2019-08-21 09:13:03.502	告警	告知	#1主变.PAC-878T2-JG-G-DJEG.高压侧零流长期存在 合
2019-08-21 09:13:01.502	告警	告知	#1主变.PAC-878T2-JG-G-DJEG.高压侧PT断线 分
2019-08-21 09:13:01.494	告警	告知	#1主变.PAC-878T2-JG-G-DJEG.预告总 合
2019-08-21 09:13:01.493	告警	告知	#1主变.PAC-878T2-JG-G-DJEG.高压1侧TA断线 合

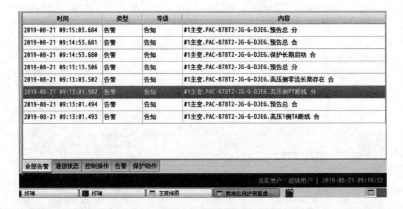

图 5-27 零序电流超前零序电压 201°保护不动作实例

时间	类型	等级	内容
019-08-21 09:18:48.046	保护动作	事故	#1主变.PAC-878T2-JG-G-DJEG.跳高压侧母联1 动作
019-08-21 09:18:48.046	保护动作	事故	#1主变.PAC-878T2-JG-G-DJEG.高零流I段1时限 动作
019-08-21 09:18:48.047	告警	告知	#1主变.PAC-878T2-JG-G-DJEG.事故总 合
019-08-21 09:15:03.684	告警	告知	#1主变.PAC-878T2-JG-G-DJEG.预告总 分
019-08-21 09:14:53.681	告警	告知	#1主变.PAC-878T2-JG-G-DJEG.预告总 合
019-08-21 09:14:53.680	告警	告知	#1主变.PAC-878T2-JG-G-DJEG.保护长期启动 合
019-08-21 09:13:13.506	告警	告知	#1主变.PAC-878T2-JG-G-DJEG.预告总 分
019-08-21 09:13:03.502	告警	告知	#1主变.PAC-878T2-JG-G-DJEG.高压侧零流长期存在 合
019-08-21 09:13:01.502	告警	告知	#1主变.PAC-878T2-JG-G-DJEG.高压侧TV断线 分
019-08-21 09:13:01.494	告警	告知	#1主变.PAC-878T2-JG-G-DJEG.预告总 合

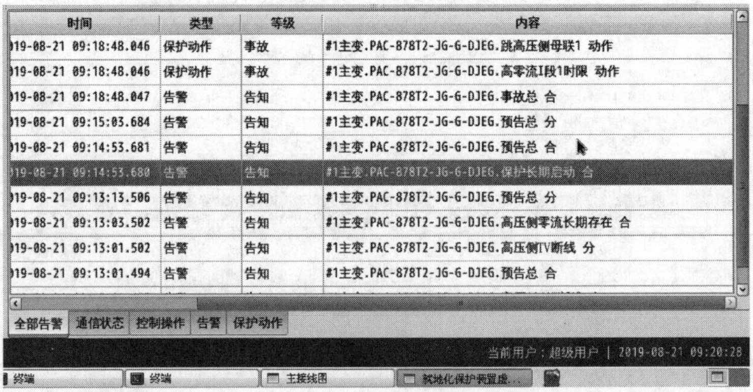

图 5-28 零序电流超前零序电压 198°保护动作实例

表 5-8 零序电流超前零序电压 198°

状态	名称	幅值	名称	幅值
状态一	U_a	57.735V∠0°	I_a	0.00A∠0°
	U_b	57.735V∠−120°	I_b	0.00A∠−120°
	U_c	57.735V∠−120°	I_c	0.00A∠−120°
状态二	U_a	30.000V∠0°	I_a	0.30A∠18°
	U_b	57.735V∠−120°	I_b	0.00A∠−120°
	U_c	57.735V∠−120°	I_c	0.00A∠−120°
状态时间			3300ms	

五、过负荷告警测试

装置各侧设有过负荷保护功能，取最大相电流作为判别。

(一) 保护原理

各侧过负荷保护定值固定为该侧额定电流 1.1 倍，时间固定为 10s。

低压侧过负荷只配置一套，电流采用低压 1 分支 TA 和低压 2 分支 TA "和电流"。

(二) 测试方法

(1) 给主变压器的高压侧通入 0.95×1.1 倍额定电流的模拟电流，如表 5-9 所示，装置无告警，如图 5-29 所示。

表 5-9 通入 0.95×1.1 倍额定电流

状态	名称	幅值	名称	幅值
状态一	U_a	57.735V∠0°	I_a	1.045A∠0°
	U_b	57.735V∠−120°	I_b	0.00A∠−120°
	U_c	57.735V∠−120°	I_c	0.00A∠−120°
状态时间			11000ms	

(2) 给主变压器的高压侧通入 1.05×1.1 倍额定电流的模拟电流，如表 5-10 所示，经 10s 报 "高压侧过负荷告警"，如图 5-30 所示。

图 5-29　模拟通入 0.95×1.1 倍额定电流装置无告警实例

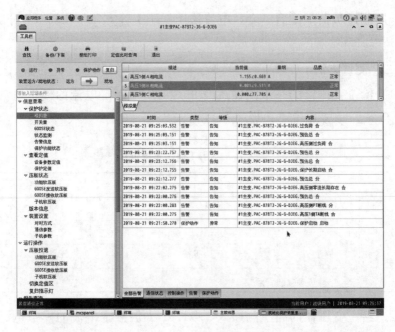

图 5-30　模拟通入 1.05×1.1 倍额定电流装置过负荷告警实例

表 5-10　　　　　　　　　　通入 0.95×1.1 倍额定电流

状态	名称	幅值	名称	幅值
状态一	U_a	57.735V∠0°	I_a	1.155A∠0°
	U_b	57.735V∠−120°	I_b	0.00A∠−120°
	U_c	57.735V∠−120°	I_c	0.00A∠−120°
状态时间			11000ms	

六、失灵联跳功能测试

失灵联跳保护满足变压器高（中）压侧断路器失灵保护动作后联跳主变压器各侧断路器功能。变压器高（中）压侧断路器失灵保护动作触点开入后，经启动元件后延时 50ms 跳开变压器各侧断路器。

（一）保护原理

失灵联跳的启动元件由电流突变量元件、负序电流元件、零序电流元件和相过流元件或门组成。动作方程如下

$$\Delta I > 1.25\Delta I_T + 0.2I_e$$

或　　　　　　　　　　　$$I_2 > 0.2I_e$$

或　　　　　　　　　　　$$3I_0 > 0.2I_e$$

或　　　　　　　　　　　$$I_\varphi > 1.2I_e$$

式中：ΔI 为电流突变量；ΔI_T 为浮动门槛，随着变化量输出增大而逐步自动提高，取 1.25 倍可保证门槛电流始终略高于不平衡输出；I_e 为变压器本侧二次额定负荷电流；I_φ 为 A、B、C 三相中任一相电流。

（二）测试方法

（1）投入主变压器保护高压侧后备保护功能软压板。

（2）投入主变压器保护高压侧失灵联跳控制字。

（3）投入主变压器保护"高压 1 侧失灵联跳开入软压板"。

（4）用数字式继电保护测试仪模拟母差保护，并开出高压侧失灵联跳。

（5）失灵联跳开入进主变压器保护装置，同时 A 相输入 $1.05 \times 0.2I_e$，保护正确动作，测试结果如图 5-31 所示。

图 5-31　模拟高压侧失灵联跳动作实例

任务五　整 组 传 动

≫【任务描述】

本任务主要讲解开关传动，通过开关联动试验，了解保护装置的动作机制，验证保护功能正确性。

≫【知识要点】

整组试验是在保护所有功能投入状态下模拟故障，根据保护动作逻辑及开关变位情况，观察保护装置动作情况是否正确。

≫【技能要领】

（1）投入差动保护、复压过电流保护、零序过电流保护等所有保护功能。

（2）确认装置整定值按整定单正确放置。

（3）确认各侧开关合位，检查出口软压板与硬压板均正常。

（4）首先加入故障前正常状态，使保护 TV 断线复归。

（5）依次模拟各种典型故障，检验各保护功能及开关传动情况，测定保护动作时间。

整组试验以差动动作、中压侧区内故障、低压侧死区故障为例进行整组传动校验。

一、区内故障

模拟区内故障，保护报文如图 5-32 所示。

图 5-32　差动保护整组试验测试结果

二、中压侧区内故障

模拟中压侧区内故障，保护报文如图 5-33 所示。

图 5-33　中压侧区内故障整组试验测试结果

三、低压侧死区故障

在低压侧加入持续故障电流，使得低压侧复流Ⅰ段 1/2/3 时限和复流 Ⅱ段 1/2/3 时限保护动作，校验当发生低压侧死区故障保护动作逻辑。

测试仪在低压侧加量如表 5-11 所示，保护报文如图 5-34 所示。

表 5-11　　　　　　　　　　　　模拟低压侧死区故障

状态	名称	幅值	名称	幅值
状态一	U_a	57. 735V∠0°	I_a	0. 00A∠0°
	U_b	57. 735V∠−120°	I_b	0. 00A∠−120°
	U_c	57. 735V∠−120°	I_c	0. 00A∠−120°
状态二	U_a	30. 000V∠0°	I_a	10A∠−70°
	U_b	57. 735V∠−120°	I_b	0. 00A∠−120°
	U_c	57. 735V∠−120°	I_c	0. 00A∠−120°
状态时间			6000ms	

图 5-34 低压侧死区故障整组试验测试结果

第六章

110kV就地化变压器保护调试

项目一

NSR-378就地化变压器保护调试

【项目描述】

本项目包含模拟量检查、开关量检查、功能校验、整组传动等内容。本项目编排以《继电保护和电网安全自动装置检验规程》（DL/T 995—2016）为依据，融合了变电二次现场作业管理规范和实际作业情况等内容。通过本项目的学习，了解110kV就地化变压器保护工作的原理，熟悉就地化变压器保护装置的回路，掌握常规校验项目。

任务一　调　试　准　备

【任务描述】

本任务通过讲解 NSR-378 分布式变压器保护现场设备组成、回路特点，熟悉需调试的就地化保护设备并做好相关准备工作。

【知识要点】

（1）连接器。
（2）分布式变压器保护。
（3）集中式变压器保护。

【技能要领】

一、掌握连接器定义

就地化保护采用标准的航空插头，航插采用 IP67 等级的防护水平，防尘防水，航插将开入、开出、交流和光纤等密集排放在插座和插头内，占用空间大幅缩小，安装和更换方便，每个航插都应有色带标识和硬件防误措施，每台装置的各个航插不能交叉连接，从根本上防止了插错位置的可能，对于航插的排布顺序以及每个航插中的插针定义应该有明确的标准要求。

（一）分布式

分布式变压器保护连接器布置图如图 6-1 所示，保护端子接线定义详见附录 D 表 D.1。

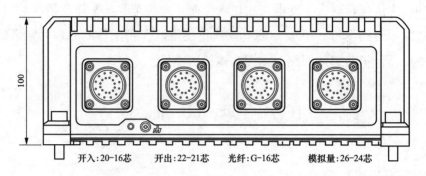

开入：20-16 芯　　开出：22-21 芯　　光纤：G-16 芯　　模拟量：26-24 芯

图 6-1　分布式变压保护专用连接器布置示意

分布式变压器保护装置共配置 4 个航插，从左到右依次定义为电源＋开入、开出、光纤、电流＋电压，如表 6-1 所示。

表 6-1　　　　　　　常规互感器接入分布式变压器保护专用连接器

序号	项目	电源＋开入	开出	光纤	电流＋电压
	编号	1	2	3	4
1	导线截面积（mm²）	1.5	1.5	芯径：多模 62.5μm	2.5
2	航插芯数	16（7＋9 备用）	21（17＋4 备用）	16	24 芯（16 芯电流带自短接＋6 芯电压＋2 备用）
3	色带颜色	绿色	黑色	蓝色	红色

注　光纤为成对光纤。

110kV 分布式变压器保护模拟量输入和开关量输出定义详见附录 D 表 D.5 和表 D.6。

（二）集中式变压器保护标准化接口设计

集中式变压器保护连接器布置如图 6-2 所示，保护端子接线、模拟量输入和开关量输出定义详见附录 D 表 D.4。

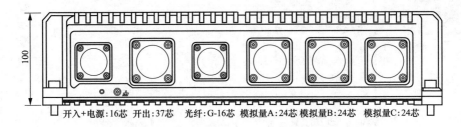

图 6-2　集中式变压保护专用连接器布置示意

开入＋电源:16芯　开出:37芯　光纤:G-16芯　模拟量A:24芯　模拟量B:24芯　模拟量C:24芯

集中式变压器保护装置共配置 6 个航插，从左到右依次定义为电源＋开入、开出、光纤、电流＋电压（3 个），如表 6-2 所示。

表 6-2　　　　　　　　常规互感器接入集中式变压器保护专用连接器

序号	项目	电源＋开入	开出	光纤	电流＋电压	电流＋电压	电流＋电压
	编号	1	2	3	4	5	6
1	导线截面积（mm²）	1.5	1.5	芯径：多模62.5μm	2.5	2.5	2.5
2	航插芯数	16	37	16	24 芯（16 芯电流带自短接＋8 芯电压）	24 芯（16 芯电流带自短接＋8 芯电压）	24 芯（16 芯电流带自短接＋8 芯电压）
3	色带颜色	绿色	黑色	蓝色	红色	橙色	白色

注　光纤为成对光纤。

二、了解 110kV 分布式变压器保护

就地化分布式变压器保护由多台就地化保护子机构成，各保护子机通过双向双环网通信，共享信息，协同运行。保护子机负责完成模拟量、开关量采集，并且接收其余各个子机的采集信息，完成全部保护逻辑运算并负责本子机对应间隔跳闸出口，接入就地化保护专网对外通信。

110kV 分布式变压器保护由高压侧子机、高压桥 2 子机（可选）、中压侧子机、低压 1 侧子机、低压 2 侧子机构成，保护网络接线示例如图 6-3 所示。

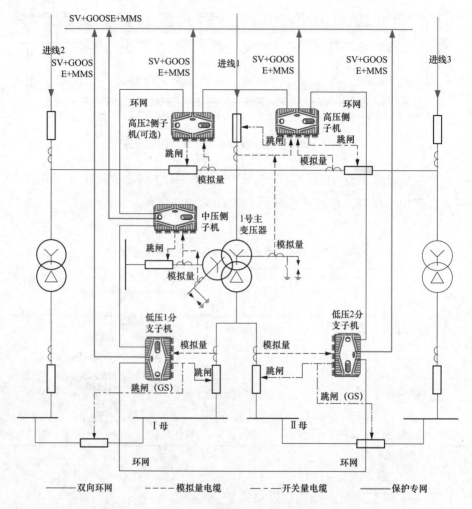

图 6-3　110kV 分布式变压器保护网络接线示例

三、了解 110kV 集中式变压器保护

集中式变压器保护由 1 台就地化保护装置完成变压器各间隔模拟量、开关量采集，完成全部保护逻辑运算并负责跳闸出口，同时可接入保护专网对外通信。

110kV 集中式变压器保护网络接线示例如图 6-4 所示。

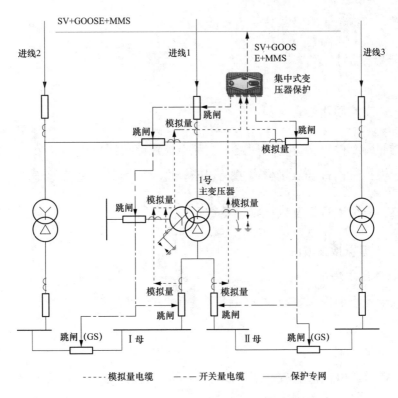

图 6-4 110kV 集中式变压器保护网络接线示例

任务二 模 拟 量 检 查

【任务描述】

本任务主要讲解模拟量检查内容。通过端子排加入模拟量，经过连接器在管理单元查看采样值，熟悉连接器与管理单元，熟悉使用常规继电保护测试仪对保护装置进行加量，了解零漂检查、模拟量幅值线性度检验、模拟量相对特性校验的意义和操作流程。

【知识要点】

（1）交流回路检查。

（2）模拟量查看及采样特性检查。

》【技能要领】

一、交流回路检查

对照图纸检查交流电压回路、交流电流回路接线完整，绝缘测试良好，并结合模拟量检查确认采样通道与智能管理单元间对应关系正确。

二、模拟量查看及采样特性检查

（一）零漂检查方法

1. 测试方法

端子上不加模拟量时，从智能管理单元查看装置采样的电流、电压零漂值。

2. 合格判据

根据《继电保护和安全自动装置通用技术条件》（DL/T 478—2013）要求，电流相对误差不大于 2.5％或绝对误差不大于 $0.01I_N$；电压相对误差不大于 2.5％或绝对误差不大于 $0.002U_N$。

3. 测试实例

保护模拟量零漂显示值如图 6-5 所示。

（二）幅值特性检验

1. 测试方法

（1）在交流电压测试时用测试仪为保护装置输入电压，用同时加对称正序三相电压方法检验采样数据，交流电压分别为 1、5、30、60V。

（2）在电流测试时可以用测试仪为保护装置输入电流，用同时施加对称正序三相电流方法检验采样数据，电流分别为 $0.05I_N$、$0.1I_N$、$2I_N$、$5I_N$。

2. 合格判据

根据《继电保护和安全自动装置通用技术条件》（DL/T 478—2013）

要求：在 $0.05I_N \sim 20I_N$ 范围内，电流相对误差不大于 2.5% 或绝对误差不大于 $0.01I_N$；在 $0.01I_N \sim 1.5U_N$ 范围内，电压相对误差不大于 2.5% 或绝对误差不大于 $0.002U_N$。

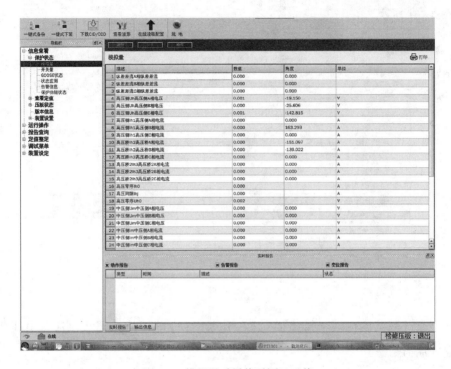

图 6-5 模拟量采样值零漂显示值

在测试仪上加入交流量（见表 6-3），从智能管理单元读取保护测量和启动测量的交流量采样量（见图 6-6），两者相比较，其误差应满足规范要求。

表 6-3 测 试 仪 所 加 交 流 量

状态	名称	幅值	名称	幅值
状态一	U_a	$1.000\text{V}\angle 0°$	I_a	$0.05\text{A}\angle 0°$
	U_b	$1.000\text{V}\angle -120°$	I_b	$0.05\text{A}\angle -120°$
	U_c	$1.000\text{V}\angle -120°$	I_c	$0.05\text{A}\angle -120°$

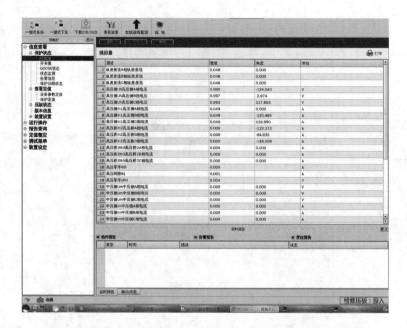

图 6-6　智能管理单元读取交流量采样量

（三）相位特性检验

1. 测试方法

通过测试仪在端子排施加 $0.1I_N$ 电流、U_N 电压值，调节电流、电压相位分别为 $0°$、$120°$。

2. 合格判据

根据《继电保护及安全自动装置检测规范　第 2 部分：继电保护装置专用功能测试》（Q/GDW 11056.2—2013）要求，方向元件动作边界允许误差为 $±3°$，测试仪所加量（见表 6-4）与智能管理单元上交流量相位显示值（见图 6-7）误差应不大于 $3°$。

表 6-4　　　　　　　　　　　测试仪所加交流量

状态	名称	幅值	名称	幅值
状态一	U_a	57.735V∠0°	I_a	0.10A∠0°
	U_b	57.735V∠−120°	I_b	0.10A∠−120°
	U_c	57.735V∠−120°	I_c	0.10A∠−120°

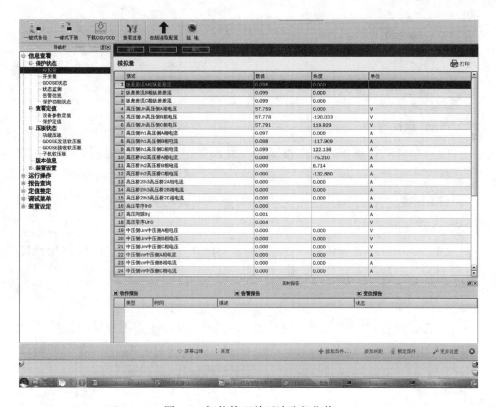

图 6-7 智能管理单元读取相位值

任务三 开入量检查

》【任务描述】

本任务主要讲解开关量检查内容。通过对保护装置、保护专网以及管理单元的操作，了解装置开入开出的原理及功能。

》【知识要点】

检修压板。

≫【技能要领】

一、检修压板开入检查

(一) 测试方法

(1) 在智能管理单元"运行操作"界面操作"功能软压板",将"装置检修软压板"投入。

(2) 在智能管理单元"信息查看"中"压板状态"一栏检查"装置检修软压板"变位情况。

(3) 并在智能管理单元"运行操作"中"告警信息"一栏检查检修压板投入后装置告警信息。

(二) 合格判据

智能管理单元中操作"装置检修软压板"后,在"压板状态"中看到"装置检修软压板"可靠变位(见图6-8),同时告警信息中也有"检修状态"投入相关告警信号(见图6-9)。

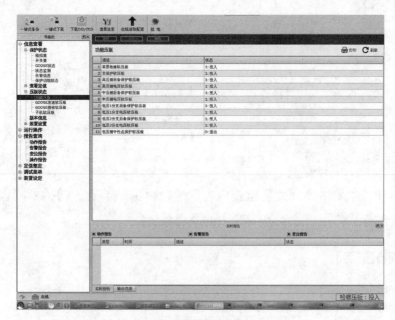

图6-8　投入"装置检修软压板"变位

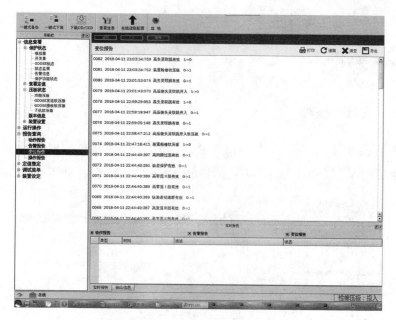

图 6-9 投入"检修状态"相关告警信号

任务四 功 能 校 验

【任务描述】

本任务主要讲解定值核对及功能校验内容。通过对保护装置定值功能的使用，熟练掌握查看、修改定值的操作；通过纵差差动保护校验，熟悉保护的动作原理及特征，掌握纵差保护、高压侧后备保护和失灵联跳功能的调试方法。

【知识要点】

（1）定值单核对。

（2）纵差差动定值校验。

（3）高压侧复压闭锁方向过电流保护校验。

（4）高压侧零序方向过电流保护校验。

（5）过负荷告警测试。

【技能要领】

一、定值单核对

在智能管理单元母线保护装置内定值菜单中进行定值的调取和修改，并跟整定单进行逐一核对。设备参数定值和定值单示例如图 6-10 和图 6-11 所示。

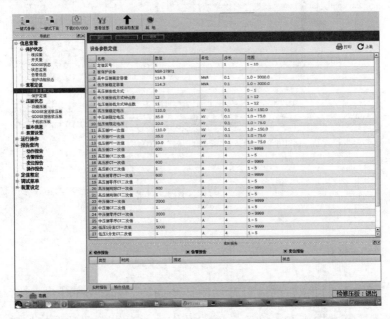

图 6-10　保护设备参数定值

注：图中 PT 应为 TV，CT 应为 TA。

二、纵差差动定值校验

校验保护定值时需投入差动保护的功能压板。

（一）检查内容

检查设备的定值设置，以及相应的保护功能和安全自动功能是否正常。

（二）检查方法

设置好设备的定值，通过测试系统给设备加入电流、电压量，观察设备面板显示和保护测试仪显示，记录设备动作情况和动作时间。

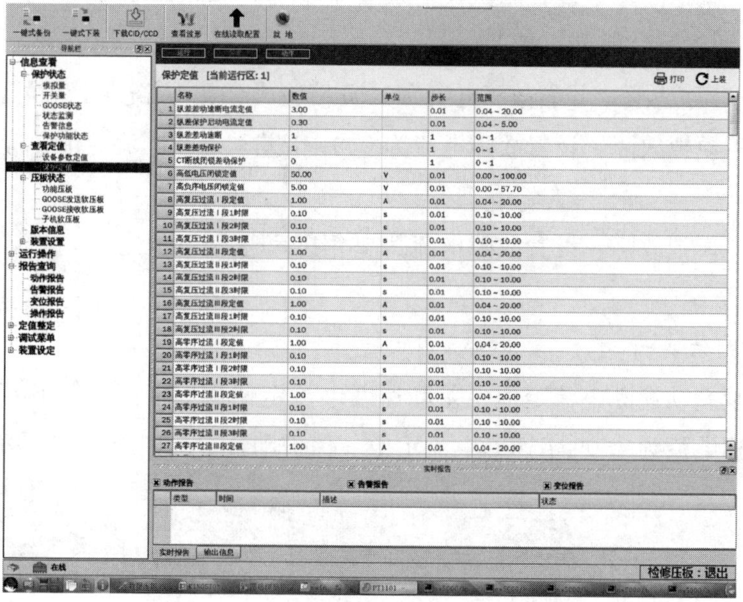

图 6-11　保护定值单

（三）差动速动段校验

1. 保护原理

当变压器内部、变压器引出线或变压器套管发生故障 TA 饱和时，TA 二次电流的波形发生严重畸变，为防止比率差动保护误判为涌流而拒动或延缓动作，采用差动速断保护快速切除严重故障。其动作判据为

$$I_d > I_{sdset}$$

式中：I_d 为差动电流；I_{sdset} 为差动速断保护定值。

差动速断保护定值应躲开变压器空载合闸时可能产生的最大励磁涌流和躲过变压器区外故障时穿越电流造成的最大不平衡电流。当任一相差动电流大于差动速断整定值时，瞬时跳开各侧开关。

2. 测试方法

（1）投入主保护功能软压板。

（2）投入保护控制字"纵差保护""差动速断"。

（3）退出其他保护软压板、控制字。

（4）模拟故障，设置测试仪输入故障电流 $I=mI_{dz}$（I_{dz} 为差动速断电流定值），故障持续时间小于 30ms。

（5）模拟故障，设置故障电流为 1.05 倍差动速断电流定值，应可靠动作。

（6）模拟故障，设置故障电流为 0.95 倍差动速断电流定值，应可靠不动作。

（7）模拟故障，设置故障电流为 2 倍差动速断电流定值，测试保报动作时间。

3. 测试实例

校验差动速断电流定值（差动速断电流定值为 6 倍高压侧额定电流）：模拟故障电流为 1.05 倍速断电流定值，保护动作情况如图 6-12 所示。

图 6-12　模拟单相短路差速断保护动作实例

（四）比率制动特性检验

1. 保护原理

纵差保护能反映变压器内部相间短路故障、高（中）压侧单相接地短路及匝间层间短路故障，既要考虑空投变压器时的励磁涌流，同时也要考虑 TA 断线、TA 饱和、TA 暂态特性不一致的情况。

纵差保护动作方程如下

$$\begin{cases} I_d > I_{d0} & (I_{res} < K_1 I_e) \\ I_d > K_{r1} \times (I_{res} - K_1 I_e) + I_{d0} & (K_1 I_e \leqslant I_{res} < K_2 I_e) \\ I_d > K_{r2} \times (I_{res} - K_2 I_e) + K_{r1} \times (K_2 I_e - K_1 I_e) + I_{d0} & (K_2 I_e \leqslant I_{res}) \end{cases}$$

其中

$$I_{res} = \frac{1}{2} \ (\,|\,\dot{I}_1\,| + |\,\dot{I}_2\,| + \cdots\cdots + |\,\dot{I}_m\,|\,)$$

$$I_d = |\,\dot{I}_1 + \dot{I}_2 + \cdots\cdots + \dot{I}_m\,|$$

式中：I_d 为差动电流；I_{res} 为制动电流；I_{d0} 为差动门槛；K_{r1} 为一段差动制动系数（固定取 0.5）；K_{r2} 为二段差动制动系数（固定取 0.8）；K_1 为一段差动拐点（固定取 0.5）；K_2 为二段差动拐点（固定取 5.0），$\dot{I}_1 \cdots \dot{I}_m$ 分别为变压器各侧电流。

比率差动动作曲线如图 6-13 所示。

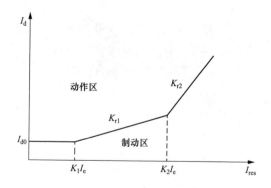

图 6-13　保护装置纵差保护动作特性

2. 测试方法

（1）投入主保护软压板。

（2）投入保护控制字"纵差保护"。

（3）退出其他保护软压板、控制字。

(4) 高压侧 A 相加入电流 $\sqrt{3}\,I_{he}\angle 0°$，低压侧 A 相加入电流 I_{he} $\angle 180°$，低压侧 C 相加入电流 $I_{he}\angle 0°$。以 0.01A 步长减小低压侧 A 相电流使装置产生纵差 A 相差流直到保护动作，记录下保护动作时的制动电流和差流。

(5) 改变高压侧 A 相加入电流 $2\sqrt{3}\,I_{he}\angle 0°$，低压侧 A 相加入电流 $2I_{he}$ $\angle 180°$，低压侧 C 相加入电流 $2I_{he}\angle 0°$。以 0.01A 步长减小低压侧 A 相电流使装置产生纵差 A 相差流直到保护动作，记录下保护动作时的制动电流和差流。

(6) 由两次试验记录下来的点，得到制动曲线。

(7) 利用以上方法，得到差动各段曲线。

3. 测试实例

校验差动保护电流定值：模拟故障电流为 1.05 倍差动保护电流定值，保护动作情况如图 6-14 所示。

图 6-14 模拟单相短路差动保护动作实例

三、高压侧复压闭锁方向过流保护检验

复压过电流保护作为变压器或相邻元件的后备保护，对各侧复压过电流保护的各时限、复合电压元件及相间功率方向元件可通过相应保护投退控制字进行投退。

（一）保护原理

1. 过电流元件

当 A、B、C 任一相电流满足下列条件时，过电流元件动作

$$I > I_{op} \ （I_{op}为动作电流整定值）$$

2. 复压元件

复合电压指相间低电压或负序过电压。

复压元件可经控制字选择由各侧电压经"或门"构成，或者仅取本侧（或本分支）电压。下列两个条件中任一条件满足时，复合电压判据动作

$$U_2 > U_{2.op} \ （U_{2.op}为负序相电压整定值）$$

$$U < U_{op} \ （U_{op}为低电压整定值，U 为三个线电压中最小的一个）$$

3. 方向闭锁元件

方向元件采用正序电压，并带有记忆，近处三相短路时方向元件无死区。接线方式为 0°接线方式。灵敏角（45°）固定不变，可以选择指向变压器或母线。

方向元件的动作特性如图 6-15 所示，图中阴影侧为动作区。

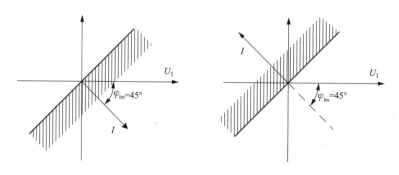

图 6-15 相过电流方向元件指向（左图指向变压器，右图指向母线）

（二）测试方法

（1）投入高压侧后备保护软压板。

（2）投入高压侧复压过电流Ⅰ段1时限控制字。

（3）退出其他保护软压板、控制字。

（4）高压侧复压过电流Ⅰ段1时限，在0.95倍电流定值时，可靠不动作。

（5）高压侧复压过电流Ⅰ段1时限，在1.05倍电流定值时，可靠动作。

（6）高压侧复压过电流Ⅰ段1时限，在1.2倍电流定值时，可靠动作，测量保护动作时间。

（7）利用上述方法，测试高压侧复压过流各段各时限，保护应正确动作。

（8）投高压侧TV，退其他侧TV。

（9）高压侧通入1.2倍电流定值的电流，通入正常电压。

（10）同时以0.5V步长降低三相电压直到保护动作，该动作值应满足低电压闭锁定值。

（11）高压侧通入1.2倍电流定值的电流，通入正常电压。

（12）以0.5V步长降低单相电压直到保护动作，该负序电压应满足负序电压闭锁定值。

（13）高压侧通入1.2倍电流定值的电流，A相电压20V∠0°，电流角度从0°～360°改变，测试保护动作范围，误差不大于3°，并计算保护动作灵敏角。

（14）其他侧测试方法同上。

（三）测试实例

高压侧复压闭锁方向过电流Ⅰ段1时限定值校验，过电流Ⅰ段保护定值0.25A，1时限定值3.2s。

模拟故障电流为1.05倍电流定值，保护动作情况如图6-16所示。

高压侧复压闭锁负序电压定值校验。测试仪初始状态下，给测试仪加上1.2倍复压闭锁过电流Ⅰ段1时限定值电流，电压为正常电压，以0.5V

步长降低 A 相电压，直至保护动作，测得复压闭锁负序电压定值，保护动作情况如图 6-17 所示。

图 6-16 模拟单相短路高复流Ⅰ段 1 时限保护动作实例

图 6-17 校验负序电压定值实例

四、高压侧零序方向过电流保护校验

零序过电流保护，主要作为变压器中性点接地运行时接地故障的后备保护，对各侧零序方向过电流保护的各时限及零序功率方向元件可通过相应保护投退控制字进行投退。

(一) 保护原理

1. 零序过电流元件

$$3I_0 > I_{0op}　（I_{0op} 为零流动作电流整定值）$$

2. 零序方向元件

方向元件所用零序电压固定为自产零序电压，电流固定为自产零序电流，灵敏角（75°）固定不变，可以选择指向变压器或母线。

方向元件的动作特性如图 6-18 所示。

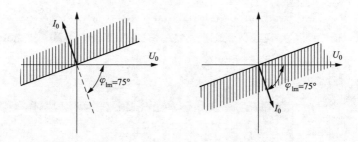

图 6-18　零序过电流方向元件（左图指向变压器，右图指向母线）

(二) 测试方法

（1）投入高压侧后备保护软压板。

（2）投入高压侧零序过电流Ⅰ段 1 时限控制字。

（3）退出其他保护软压板、控制字。

（4）高压侧零序过电流Ⅰ段 1 时限，在 0.95 倍电流定值时，可靠不动作。

（5）高压侧零序过电流Ⅰ段 1 时限，在 1.05 倍电流定值时，可靠动作。

（6）高压侧零序过电流Ⅰ段 1 时限，在 1.2 倍电流定值时，可靠动作，测量保护动作时间。

（7）利用上述方法，测试高压侧零序过电流各段各时限，保护应正确

动作。

（8）投高压侧 TV，退其他侧 TV。

（9）高压侧通入 1.2 倍电流定值的电流，A 相电压 20V∠0°，电流角度从 0°～360°改变，测试保护动作范围，误差不大于 3°，并计算保护动作灵敏角。

（10）其他侧测试方法同上。

（三）测试实例

（1）高零序过电流Ⅰ段 1 时限定值校验（定值 0.25A，时间 3.2s）。模拟故障电流为 1.2 倍电流定值，保护动作情况如图 6-19 所示。

图 6-19　模拟单相短路高零流Ⅰ段 1 时限保护动作实例

（2）测试零序方向过流保护Ⅰ段 1 时限动作区。测得保护在 A 相电流超前电压角度为 20°和 190°为动作边界，则动作区间为 20°～190°，灵敏角为 $3\dot{I}_0$ 超前 $3\dot{U}_0$ 为 105°。测试仪加量详见表 6-5～表 6-7，保护报文如图 6-20～图 6-22 所示。

表 6-5　　　　　　　　　　　　　零序电流超前零序电压 21°

状态	名称	幅值	名称	幅值
状态一	U_a	57.735V∠0°	I_a	0.00A∠0°
	U_b	57.735V∠−120°	I_b	0.00A∠−120°
	U_c	57.735V∠−120°	I_c	0.00A∠−120°
状态二	U_a	30.000V∠0°	I_a	0.30A∠201°
	U_b	57.735V∠−120°	I_b	0.00A∠−120°
	U_c	57.735V∠−120°	I_c	0.00A∠−120°
故障时间			3300ms	

图 6-20　零序电流超前零序电压 21°保护动作报文

表 6-6　　　　　　　　　　　　　零序电流超前零序电压 189°

状态	名称	幅值	名称	幅值
状态一	U_a	57.735V∠0°	I_a	0.00A∠0°
	U_b	57.735V∠−120°	I_b	0.00A∠−120°
	U_c	57.735V∠−120°	I_c	0.00A∠−120°

续表

状态	名称	幅值	名称	幅值
状态二	U_a	30.000V∠0°	I_a	0.30A∠9°
	U_b	57.735V∠−120°	I_b	0.00A∠−120°
	U_c	57.735V∠−120°	I_c	0.00A∠−120°
故障时间			3300ms	

图 6-21　零序电流超前零序电压 189°保护动作报文

表 6-7　　　　　　　　零序电流超前零序电压 191°或者 19°

状态	名称	幅值	名称	幅值
状态一	U_a	57.735V∠0°	I_a	0.00A∠0°
	U_b	57.735V∠−120°	I_b	0.00A∠−120°
	U_c	57.735V∠−120°	I_c	0.00A∠−120°
状态二	U_a	30.000V∠0°	I_a	0.30A∠199°/0.30A∠11°
	U_b	57.735V∠−120°	I_b	0.00A∠−120°
	U_c	57.735V∠−120°	I_c	0.00A∠−120°
故障时间			3300ms	

191

图 6-22　零序电流超前零序电压 199°或者 19°保护不动作报文

五、过负荷告警测试

装置各侧设有过负荷保护功能，取最大相电流作为判别。

(一) 保护原理

各侧过负荷保护定值固定为该侧额定电流 1.1 倍，时间固定 10s。

低压侧过负荷只配置一套，电流采用低压 1 分支 TA 和低压 2 分支 TA "和电流"。

(二) 测试方法

(1) 给主变压器的高压侧通入 0.95×1.1 倍额定电流的模拟电流，加量如表 6-8 所示，装置无告警。

表 6-8 通入 0.95×1.1 倍额定电流

状态	名称	幅值	名称	幅值
状态一	U_a	57.735V∠0°	I_a	1.045A∠0°
	U_b	57.735V∠−120°	I_b	0.00A∠−120°
	U_c	57.735V∠−120°	I_c	0.00A∠−120°
状态时间			11000ms	

（2）给主变压器的高压侧通入 1.05×1.1 倍额定电流的模拟电流（见表 6-9），经 10s 报"高压侧过负荷告警"，见图 6-23。

表 6-9 通入 1.05×1.1 倍额定电流

状态	名称	幅值	名称	幅值
状态一	U_a	57.735V∠0°	I_a	1.155A∠0°
	U_b	57.735V∠−120°	I_b	0.00A∠−120°
	U_c	57.735V∠−120°	I_c	0.00A∠−120°
故障时间			11000ms	

图 6-23 模拟通入 1.05×1.1 倍额定电流装置过负荷告警报文

任务五　整　组　传　动

≫【任务描述】

本任务主要讲解开关传动，通过开关联动试验，了解保护装置的动作机制，验证保护功能正确性。

≫【知识要点】

整组试验是在保护所有功能投入状态下模拟故障，根据保护动作逻辑及开关变位情况，观察保护装置动作情况是否正确。

≫【技能要领】

（1）投入差动保护、复压过电流保护、零序过电流保护保护等所有保护功能。

（2）确认装置整定值按整定单正确放置。

（3）确认各侧开关合位，检查出口软压板与硬压板均正常。

（4）首先加入故障前正常状态，使保护 TV 断线复归。

（5）依次模拟各种典型故障，检验各保护功能及开关传动情况，测定保护动作时间。

整组试验以差动动作、低压侧死区故障为例进行整组传动校验。

一、区内故障

模拟区内故障，保护报文如图 6-24 所示。

二、低压侧死区故障

在低压侧加入持续故障电流，使得低压侧复流Ⅰ段 1/2/3 时限和Ⅱ段 1/2 时限保护动作，校验当发生低压侧死区故障保护动作逻辑。

图 6-24　差动保护整组试验测试结果

测试仪在低压侧加量如表 6-10 所示，保护报文如图 6-25 所示。

表 6-10　　　　　　　　　测 试 仪 所 加 交 流 量

状态	名称	幅值	名称	幅值
状态一	U_a	57.735V∠0°	I_a	0.00A∠0°
	U_b	57.735V∠−120°	I_b	0.00A∠−120°
	U_c	57.735V∠−120°	I_c	0.00A∠−120°
状态二	U_a	30.000V∠0°	I_a	10A∠−60°
	U_b	57.735V∠−120°	I_b	0.00A∠−120°
	U_c	57.735V∠−120°	I_c	0.00A∠−120°
故障时间			6000ms	

195

图 6-25　低压侧死区故障整组试验测试结果

第七章

就地化保护网络架构

项目一

就地化三网合一和环网网络架构构建

>> **【项目描述】**

　　本项目主要包括就地化保护的三网合一、环网网络架构的内容，通过介绍目前 110kV/220kV 变电站就地化保护网络架构、母线保护和主变压器保护的组网形式，了解网络连接设备的接入方式，熟悉并掌握就地化保护的网络构建方法。

任务一　三网合一网络架构构建

>> **【任务描述】**

　　本任务主要讲解 110kV/220kV 变电站就地化保护网络架构方面的内容。通过对 110kV/220kV 变电站典型网络架构、报文隔离和流量管控的了解，掌握目前就地化保护三网合一网络架构构建方法。

>> **【知识要点】**

　　(1) 110kV 变电站就地化保护网络架构构建方法。
　　(2) 220kV 变电站就地化保护网络架构构建方法。

>> **【技能要领】**

一、掌握 110kV 变电站就地化保护网络架构构建方法

　　110kV 变电站就地化保护网络架构通过三网合一的保护专网，进行冗余配置，不分电压等级，全站统一组网，实现全站就地化保护之间的 GOOSE 信息交互，智能录波器与保护的 SV/GOOSE 信息交互及保护与智能管理单元之间的 MMS 信息交互，构建方法具体如下：
　　(1) 110kV 保护专网中 SV、GOOSE 和 MMS 数据共网。
　　(2) 110kV 站控层网络采用单网。

（3）110kVA、B 套保护间网络（A-B），通过网络隔离装置相连，只允许少量 GOOSE 通过，其他 GOOSE、SV 和 MMS 都无法通过。

（4）110kV 保护专网 A 和 110kV 保护专网 B 通过网络隔离装置与站控层网络连接，隔离 GOOSE、SV 报文，允许 MMS 报文和 ARP 报文通过。

（5）在网络隔离装置和保护专网交换机端口上均采用流量、报文类型管控；对订阅的报文进行流量控制，为每路订阅的报文分配最大传输带宽，将异常流量限制最大传输带宽内；对于非订阅的报文进行丢弃处理。

（6）110kV 变压器保护高、中、低压不分网，即共用一张网。

（7）网络配置 4 台智能管理单元，其中两两互为冗余。

（8）每台智能管理单元接入 110kV 保护专网 A 或 110kV 保护专网 B。

（9）每个管理单元以单网模式接入站控层 MMS 网络，冗余的两个管理单元存储两份相同的数据，供后台监控系统自主选择。

（10）保测一体装置单网连至站控层网络，保持现有连接方式。

110kV 站就地化保护组网后的网络构架如图 7-1 所示。

二、掌握 220kV 变电站就地化保护网络架构构建方法

220kV 变电站就地化保护网络架构通过三网合一的保护专网，进行冗余配置，不分电压等级，全站统一组网，实现全站就地化保护之间的 GOOSE 信息交互，智能录波器与保护的 SV/GOOSE 信息交互及保护与智能管理单元之间的 MMS 信息交互，构建方法具体如下：

（1）220kV 保护专网中 SV、GOOSE 和 MMS 数据共网。

（2）每套保护都接至双网（A 套保护接入 A1、A2 保护专网，B 套保护接入 B1、B2 保护专网，共需 4 个保护专网）。

（3）220kVA、B 套保护间网络（A1-B1、A2-B2）通过网络隔离，通过网络隔离装置相联，只允许少量 GOOSE 通过，其他 GOOSE、SV 和 MMS 都无法通过。

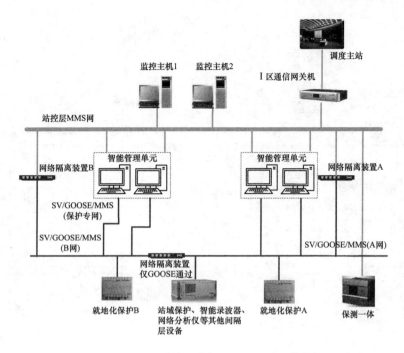

图 7-1 110kV 站就地化保护组网后的网络构架

（4）220kV 保护专网（A1、A2）和 220kV 保护专网（B1、B2）通过网络隔离装置与站控层网络连接，隔离 GOOSE、SV 报文，允许 MMS 报文和 ARP 报文通过。

（5）在网络隔离装置和保护专网交换机端口上均采用流量、报文类型管控；对订阅的报文进行流量控制，为每路订阅的报文分配最大传输带宽，将异常流量限制最大传输带宽内；对于非订阅的报文进行丢弃处理。

（6）220kV 变压器保护高、中、低压不分网，即共用一张网。

（7）智能管理单元经 MMS 双网到站控层网络，220kV 智能管理单元冗余接入 B1、B2 网，110kV 智能管理单元冗余接入 A1、A2 网。

（8）保测一体装置连至站控层 MMS A、B 网，保持现有连接方式。

220kV 变电站就地化保护组网后的网络构架如图 7-2 所示。

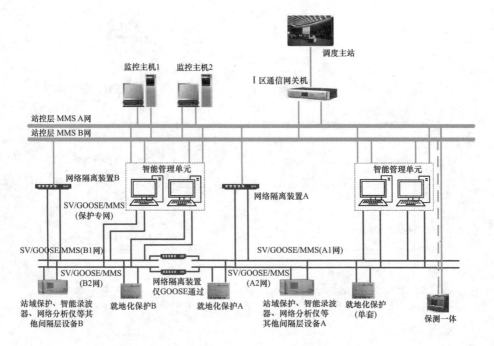

图 7-2　220kV 变电站就地化保护组网后的网络构架

任务二　环网网络架构构建

➤【任务描述】

本任务主要讲解应用于就地化元件保护的网络结构方面的内容。通过对 HSR 工作机制、环网网络架构构建、环网分布式就地化主变压器保护和环网积木式就地化母线保护介绍，掌握目前就地化保护环网网络架构构建方法。

➤【知识要点】

（1）HSR 工作机制。

（2）环网网络架构构建。

（3）环网积木式就地化母线保护。

（4）环网分布式就地化主变压器保护。

【技能要领】

一、了解 HSR 工作机制

HSR 又称高可靠性无缝冗余环网，环网接口采用千兆口，可保证环网中最大可接入 36 个间隔子机时数据延时仍在容忍范围内，该网络拓扑结构的优势就是数据备份，每个节点分别向 2 个端口发送其数据包，分别在 2 个端口收别的间隔子机发送的数据包，因数据包是双份，需有丢弃数据包策略，可以阻止网络风暴的发生。HSR 环网数据包交换示意如图 7-3 所示。

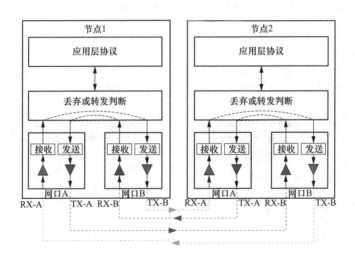

图 7-3　HSR 环网数据包交换示意

当环网中某个子机的环网接口因光功率不足、光纤损耗过大等原因导致数据链路中断，对于 HSR 环网却只是中断了其中一条数据交互路径，只要其他接口仍正常工作，母线保护就不受影响，但对于普通的星型等拓扑结构，数据会中断，闭锁保护。当环网出现异常时，装置实时检测，并将告警信息上送监控系统供运行人员检查。

二、掌握环网网络架构构建

环网网络架构构建是指构建应用于分布式元件就地化保护过程层通信的双向冗余双环形网络架构，其方式采用高可靠性无缝冗余的专用环网通信协议，确保元件保护各子机间的通信可靠性。

构建通信网络实现分布式元件就地化保护各子机之间的交互数据，解决传统的星形网络因中心节点存在的有主机模式，导致主机需配置众多光口与子机连接，不利于实现就地化，且任一通信链路异常都会使保护功能退出的难题。同时，构建采用双向双环网络的冗余设计，保障各子机启动 CPU 和保护 CPU 均能实现采集、传输、运算处理的物理独立性，提高了就地化保护的可靠性，现主要应用于环网分布式就地化主变保护和环网积木式就地化母线保护中。环网网络架构示意如图 7-4 所示。

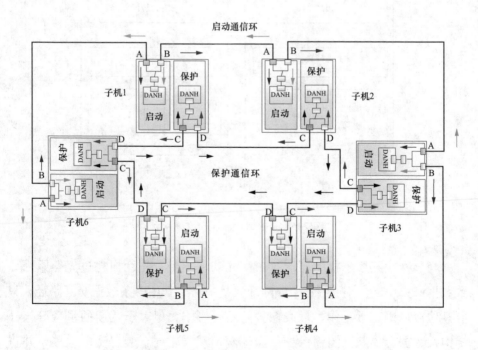

图 7-4　双向冗余双环形网络架构示意

三、熟悉环网积木式母线保护就地化实例

环网积木式母线保护架构设计如图 7-5 所示，各子机均有两条路径将数据分享给其他子机，保证了网络单点通信故障时不闭锁保护，整个分布式母线保护跟监控系统、故障录波器（网络分析仪）等均有主备两条物理通道，保证单间隔退出时保护的完整性（详见就地化母线保护部分）。

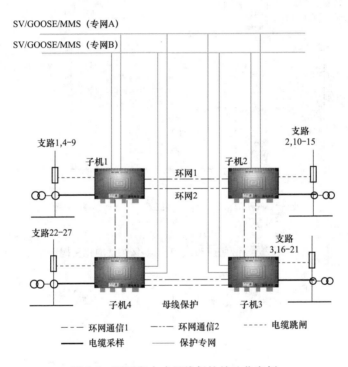

图 7-5 环网积木式母线保护就地化实例

四、熟悉环网分布式主变压器保护就地化实例

环网分布式主变压器保护设计如图 7-6 所示，主变压器各侧子机均有两条路径将数据分享给其他子机，保证网络单点通信故障时还有一路通信正常，增加数据的可靠性（详见就地化主变压器保护部分）。

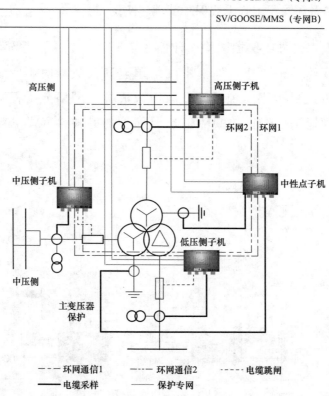

图 7-6　环网分布式主变压器保护就地化实例

第八章

就地化更换式检修

项目一

更换式检修作业流程和安全措施

》【项目描述】

本项目包含更换式检修作业流程、安全措施和分布式就地化保护装置检修作业流程三部分内容。通过对就地化保护更换式检修方式、适用情形、作业流程、安全措施、案例分析等的介绍，掌握更换式检修作业的基本流程，熟悉更换式检修安全措施要点及典型就地化保护安措案例，了解分布式就地化保护装置的检修作业流程。

》【任务描述】

本任务主要讲解就地化保护更换式检修作业流程、更换式检修安全措施和分布式就地化保护装置检修作业流程，通过相关内容的学习，掌握更换式检修作业的基本流程，熟悉更换式检修安全措施要点及典型就地化保护安措案例，了解分布式就地化保护装置的检修作业流程。

》【知识要点】

（1）更换式检修作业流程。

（2）更换式检修安全措施。

（3）分布式就地化保护装置检修作业流程。

》【技能要领】

一、了解更换式检修作业流程

就地化保护的更换式检修是指以检验合格的备品直接对现场检修设备进行替换，从而提高就地化保护检修效率的一种检修方式。

（一）更换式检修适用情形

可进行更换式检修的情形主要包括以下几种：

（1）就地化保护装置、智能管理单元、就地化保护专网设备、就地操作箱、连接器及预制电缆、光缆设备出现无法恢复至正常运行状态的严重故障或异常缺陷。

（2）就地化保护装置或相关智能管理单元的配置文件变更或程序升级。

（二）更换式检修作业流程

就地化保护更换式检修作业流程如下：

（1）现场检查判断是否符合更换式检修的情形，如符合由现场二次检修人员通知更换式检修中心申请更换式检修工作，并与更换式检修中心核对更换设备的装置型号、软件版本等必要信息。

（2）更换式检修中心选取对应的就地化保护装置备品，对备品进行备份文件的下装和配置，并对完成实例化配置的备品进行单体检验、仿真联调。

（3）将检验合格的备品移至现场进行设备交接，拆除待更换设备，安装新设备，并进行相关联调试验。对新设备现场调试以整组传动为主，重点检验与现场其他关联设备间的数据收发、跳合闸回路的正确性。

（4）更换式检修完成后，经现场运维人员验收合格，按调度要求投入就地化保护。

（5）二次检修人员将拆除的原就地化保护移至更换式检修中心处理。

更换式检修作业流程如图 8-1 所示。

二、熟悉更换式检修安全措施

（一）就地化保护更换式检修安全措施要点

就地化保护装置更换式检修安全措施要求如下：

（1）就地化保护的安全隔离措施一般可采用退出装置出口硬压板、软压板、投入检修压板、断开端子排二次回路接线、隔离交流回路、拔出连接器、断开装置间的连接光纤等方式实现检修装置与运行设备间的安全隔离。需隔离采样、跳合闸、启动失灵、闭重等与运行设备相关的电缆、光纤联系。

（2）对于检修就地化保护 SV 发送隔离措施：

1）一次设备停役时，应退出订阅该检修装置 SV 数据的相关装置接收软压板；

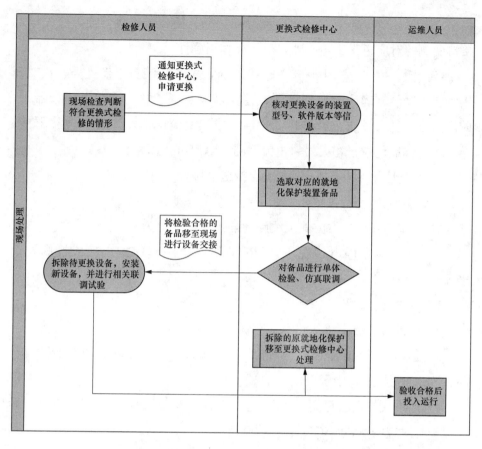

图 8-1 更换式检修作业流程

2）一次设备不停役时，应退出订阅该检修装置 SV 数据的相关装置。

（3）就地化保护虚回路安全隔离应至少采取双重安全措施，如退出相关运行装置中对应的接收软压板，退出检修装置对应的发送软压板，投入检修装置检修压板。

（4）对于变压器保护，其子机数量一般大于 2，当某一侧停电检修且变压器不停电时，除退出检修侧子机的出口压板外，还应退出变压器保护中其他子机中对应检修侧的子机压板。

（5）跨间隔元件保护任一子机异常，导致保护功能受到影响后，保护整套退出。

（6）拔出连接器后，应将连接器接口防尘盖扣紧，防止对连接器造成损伤，拆下的防尘盖应在清洁环境统一保存。插、拔连接器前，应先核对接口两侧的对应色带颜色一致，确认操作正确性。

（7）插、拔"电源＋开入"连接器前，先断开装置电源；插、拔"开出"连接器前，确认出口硬压板在退出状态；插、拔"通信"连接器时，应注意接口受力，防止纤芯折断；插、拔"交流电流＋电压"连接器前，应在相应就地化端子箱处短路电流回路、隔离电压回路。

（二）就地化保护更换式检修安全措施案例

1. 就地化单间隔保护装置更换式检修安全措施案例

以 220kV 双母接线方式下线路间隔第一套保护为例。

（1）一次设备停电情况下，220kV 线路第一套保护更换式检修安全措施。

1）保护装置退出。

a）运维人员退出该线路第一套保护出口硬压板；

b）运维人员退出 220kV 母线第一套保护跳该间隔出口硬压板、GOOSE 启失灵接收软压板；

c）运维人员退出订阅该线路保护 SV、GOOSE 数据的保护装置（如母线保护）对应的 SV、GOOSE 接收软压板；

d）运维人员投入该间隔线路第一套保护检修软压板；

e）检修人员将该间隔线路第一套保护 TA 二次回路短接并断开、TV二次回路断开；

f）检修人员断开该间隔线路第一套保护装置直流电源；

g）检修人员断开该线路第一套保护连接器，并将接口两侧专用连接器防尘盖扣紧。

2）保护装置安装。

a）装置安装前，检修人员检查更换式检修中心出具的报告和压板确认单，并确认该线路第一套保护检修压板已投入；

b）检修人员按照"先挂后拧"的原则安装该线路第一套保护装置；

c）检修人员安装并紧固该线路第一套保护连接器；

d）检修人员恢复该线路第一套保护装置直流电源；

e）检修人员将该线路第一套保护 TA 二次回路和 TV 二次回路恢复正常；

f）检修人员检查该线路第一套保护装置与智能管理单元、监控后台通信正常，无非预期的异常报文，同时核查与之相关联运行装置无异常信号；

g）运维人员与检修人员共同核对设备保护定值正确；

h）运维人员退出该间隔线路第一套保护装置检修软压板；

i）运维人员投入订阅该线路保护 SV、GOOSE 数据的其他智能设备对应的 SV、GOOSE 接收软压板；

j）运维人员投入 220kV 母线第一套保护跳该间隔出口硬压板、GOOSE 启失灵接收软压板；

k）运维人员投入该线路第一套保护装置出口硬压板。

（2）一次设备不停电情况下，220kV 线路第一套保护更换式检修安全措施。

1）保护装置退出。

a）运维人员退出该线路第一套保护装置出口硬压板；

b）运维人员停役订阅该线路第一套保护装置 SV 数据的其他智能设备；

c）运维人员退出订阅该线路第一套保护装置 GOOSE 数据的 220kV 母线第一套保护及其他智能设备对应的 GOOSE 接收软压板；

d）运维人员停用该线路两侧第一套纵联保护；

e）运维人员投入该保护装置检修软压板；

f）检修人员将该间隔线路保护 TA 短接并断开、TV 回路断开。

g）检修人员断开该间隔线路第一套保护装置直流电源；

h）检修人员断开该保护装置专用连接器，并将接口两侧专用连接器防尘盖扣紧。

2）保护装置安装。

a）装置安装前，检修人员检查测试中心出具的报告和压板确认单，并确认该线路第一套保护检修软压板已投入；

b）检修人员按照"先挂后拧"的原则安装该线路第一套保护装置；

c）检修人员安装并紧固该线路第一套保护装置专用连接器；

d）检修人员恢复该线路第一套保护装置直流电源；

e）检修人员将该线路第一套保护 TA 二次回路和 TV 二次回路恢复正常；

f）检修人员检查该线路第一套保护装置与智能管理单元、监控后台通信正常，无非预期的异常报文，同时核查与之相关联运行装置无异常信号；

g）运维人员核对设备保护定值正确；

h）运维人员退出该间隔线路第一套保护装置检修软压板；

i）运维人员投入该线路两侧第一套纵联保护

j）运维人员投入订阅该线路第一套保护装置 GOOSE 数据的 220kV 母线第一套保护及其他智能设备对应的 GOOSE 接收软压板；

k）运维人员投入订阅该线路第一套保护装置 SV 数据的其他智能设备；

l）运维人员投入该线路第一套保护装置出口硬压板。

2. 就地化跨间隔保护装置更换式检修安全措施案例

以 220kV 双母接线方式下变压器间隔第一套保护为例。

（1）一次设备停电情况下，220kV 变压器第一套就地化保护更换式检修安全措施。

1）保护装置退出。

a）运维人员退出该变压器第一套保护出口硬压板；

b）运维人员退出 220kV 母线第一套保护跳该变压器出口硬压板、GOOSE 启失灵接收软压板；

c）运维人员退出订阅该变压器保护 SV、GOOSE 数据的其他智能设备对应的 SV、GOOSE 接收软压板；

d）运维人员投入该变压器第一套保护检修软压板；

e）检修人员将该变压器第一套保护装置相应侧 TA 二次回路短接并隔

离、TV 二次回路断开；

f）检修人员断开该变压器第一套保护装置直流电源；

g）检修人员断开该变压器第一套保护装置专用连接器，并将接口两侧专用连接器防尘盖扣紧。

2）保护装置安装。

a）装置安装前，检修人员检查更换式检修中心出具的报告和压板确认单，确认该变压器第一套保护装置检修软压板已投入；

b）检修人员按照"先挂后拧"的原则安装该变压器第一套保护装置；

c）检修人员安装并紧固该变压器第一套保护装置专用连接器；

d）检修人员恢复该变压器第一套保护装置直流电源；

e）检修人员将该变压器第一套保护装置 TA 二次回路和 TV 二次回路恢复正常；

f）检修人员检查该变压器第一套保护装置与智能管理单元、监控后台通信正常，无非预期的异常报文；

g）运维人员核对设备保护定值正确；

h）运维人员退出该变压器第一套保护装置检修软压板；

i）运维人员投入订阅该变压器保护 SV、GOOSE 数据的其他智能设备对应的 SV、GOOSE 接收软压板；

j）运维人员投入 220kV 母线第一套保护跳该变压器出口硬压板、GOOSE 启失灵接收软压板；

k）运维人员投入该变压器第一套保护装置出口硬压板。

（2）一次设备不停电情况下，220kV 变压器第一套保护装置更换式检修安全措施。

1）保护装置退出。

a）运维人员退出该变压器第一套保护装置出口硬压板；

b）运维人员停役订阅该变压器第一套保护装置 SV 数据的其他智能设备；

c）运维人员退出订阅该变压器第一套保护装置 GOOSE 数据的 220kV 母线第一套保护及其他智能设备对应的 GOOSE 接收软压板；

d）运维人员退出该变压器第一套保护装置 GOOSE 输出软压板；

e）运维人员投入该变压器第一套保护装置检修软压板；

f）检修人员将该变压器第一套保护装置相应侧 TA 短接并隔离、TV 回路断开；

g）检修人员断开该变压器第一套保护装置直流电源；

h）检修人员断开该变压器第一套保护高压侧子机专用连接器，并将接口两侧专用连接器防尘盖扣紧。

2）保护装置安装。

a）装置安装前，检修人员检查测试中心出具的报告和压板确认单，并确认该变压器第一套保护装置检修软压板已投入；

b）检修人员按照"先挂后拧"的原则安装该变压器第一套保护装置；

c）检修人员安装并紧固该变压器第一套保护装置专用连接器；

d）检修人员恢复该变压器第一套保护装置直流电源；

e）检修人员将该变压器第一套保护装置相应侧 TA 二次回路和 TV 二次回路恢复正常；

f）检修人员检查该变压器第一套保护装置与智能管理单元、监控后台通信正常，无非预期的异常报文；

g）运维人员核对设备保护定值正确；

h）运维人员退出该变压器第一套保护装置检修软压板；

i）运维人员投入该变压器第一套保护装置；

j）运维人员投入订阅该变压器第一套保护装置 GOOSE 数据的220kV 母线第一套保护及其他智能设备对应的 GOOSE 接收软压板；

k）运维人员投入订阅该变压器第一套保护装置 SV 数据的其他智能设备；

l）运维人员投入该变压器第一套保护装置出口硬压板。

三、掌握分布式就地化保护装置检修作业流程

（一）分布式就地化保护装置应用实例

分布式就地化保护装置指采用分布式运行模式的情况，其通过一定数

量的子机组成一套保护装置，每台子机都和其他子机通过环网和保护专网进行相应数据的传递。分布式就地化变压器保护各侧分别布置一台子机，各子机之间通过环网传递 SV 信号。

以分布式 220kV 变压器就地化保护装置为例分析相关数据的传递。

(1) 保护装置通过配置分别设定为高压侧子机、中压侧子机、低压侧子机、本体子机，并布置于相应的位置。4 台子机根据自身已设定的角色完成自己在环网中应有的功能。

(2) 所有子机除了角色不同，所有保护定值和投入状态均设置一致。

(3) 模拟量信息的采集。任一侧子机负责采集本侧模拟量信息，之后通过自身功能转为 SV 向环网发送，同时，该子机也通过环网接收其他侧的 SV 信息，该子机将采集到的模拟量信息和从环网上取得的 SV 数据综合处理，分别应用于相应的保护。对于差动保护而言，任一子机中均存在所有侧的电流数据，即任一子机均能完成差动保护的动作行为。

(4) 开关量信息的采集。任一子机采集本间隔的开关量信息，并向保护专网上送，并通过保护专网采集不属于本间隔的开关量信息。如高压侧子机只采集高压侧的断路器位置并向保护专网上送，同时高压侧子机通过保护专网采集失灵开入信号；任一子机只对本间隔的断路器进行直接跳闸操作，并向保护专网上送相应的 GOOSE 出口信息，不能对其他侧的断路器进行相关操作。

(5) 配置文件的更换。为保证各子机能单独运行，在全站 SCD 文件中为各子机单独设计符合自身运行情况的 ∗.ccd 和 ∗.cid 文件，在第一次调试完成之后，只需将已配置好的 SCD 文件保存好即可。

(二) 分布式就地化保护装置检修流程

分布式就地化保护装置采用双向双环网模式，假设一台子机在运行过程中发生故障，检修作业流程如下：

(1) 确定故障子机，并退出该套保护设备。

(2) 由现场二次检修人员通知更换式检修中心申请更换式检修工作，并与更换式检修中心核对更换设备的装置型号、软件版本等必要信息。

(3) 更换式检修中心选取对应的就地化保护装置备品,并对备品进行备份文件的下装和配置,对完成实例化配置的备品进行单体检验、仿真联调。

(4) 将检验合格的备品移至现场进行设备交接,卸下航插,拆除故障子机,安装备用子机,并将定值整定为和故障子机相同,安装上航插。

(5) 更换式检修完成后,经现场运维人员验收合格,按调度要求投入就地化保护。

(6) 二次检修人员将拆除的原就地化保护移至更换式检修中心处理。

附录 A 智能管理单元网络架构

1. 智能管理单元的概念

就地化保护智能管理单元（简称智能管理单元）对就地化保护装置进行智能管理，通过代理服务实现远方主站与就地化保护装置的信息交互。就地化保护装置相比传统保护装置为提升自身防护等级，取消了传统保护装置液晶和键盘的结构方式，保护装置人机交互功能极大弱化，而智能管理单元通过通信手段对就地化保护装置进行远程运行维护。

智能管理单元的功能分成基本功能和高级功能。基本功能包括实现变电站内就地化保护装置的集中界面展示、操作管理、备份管理、信息存储、故障信息管理、远程功能；高级功能宜包括自动生成主接线图、继电保护远方巡视、带负荷试验、过程层自动配置等，当实现其他新的高级功能时应能在不影响原有功能的前提下部署到智能管理单元。

2. 智能管理单元网络架构

智能管理单元是变电站内对就地化保护进行集中管理的设备，原则上必须独立部署在安全Ⅰ区，对于 220kV 及以上电压等级就地化保护装置双重化配置的系统中，从运行安全性和对运维需求的角度出发，智能管理单元也应双重化配置，并不能跨接双重化保护的两个 GOOSE 网络。

就地化保护装置 SV/GOOSE/MMS 三网合一的双网组成保护专网。智能管理单元与保护专网连接，获取保护数据，同时将保护数据传送给远方主站。保护专网通过隔离装置与站控层 MMS 连接，站控层设备从站控层网络获取保护数据。

智能管理单元网络结构如图 A.1 所示。

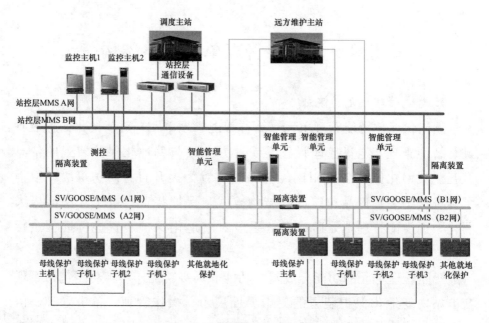

图 A.1　智能管理单元网络结构

附录 B　线路保护专用连接器端子定义

双母接线线路、110kV 线路保护专用连接器端子定义见表 B.1 和表 B.2。

表 B.1　　　　双母接线线路保护专用连接器端子定义

接口序号	接口名称	类型	连接器纤芯		备注
			序号	定义	
1	电源＋开入接口	圆形连接器（电）	1	直流正	电源
			2	直流负	
			3	强电公共端	开入
			4	分相跳闸位置 TWJa	
			5	分相跳闸位置 TWJb	
			6	分相跳闸位置 TWJc	
			7	低气压闭锁重合闸	
			8	闭锁重合闸	
			9～16	无	
2	开出接口	圆形连接器（电）	1	跳闸公共端	开出
			2	跳断路器 A 相	
			3	跳断路器 B 相	
			4	跳断路器 C 相	
			5	永跳＋（闭锁重合闸＋）	
			6	永跳－（闭锁重合闸－）	
			7～8	无	
			9	重合闸＋	
			10	重合闸－	
			11	信号公共端	
			12	装置故障	
			13	运行异常	
			14～16	无	
3	通信接口	圆形连接器（光）	1	光纤通道一（发）	单模（2M 通道）
			2	光纤通道一（收）	
			3	光纤通道二（发）	
			4	光纤通道二（收）	

接口序号	接口名称	类型	连接器纤芯		备注
			序号	定义	
3	通信接口	圆形连接器（光）	5	PPS 同步口（发）	多模（光纤接口）
			6	IRIG-B（收）	
			7	保护专网一网（发）	
			8	保护专网一网（收）	
			9	保护专网二网（发）	
			10	保护专网二网（收）	
			11～14	无	MMS、GOOSE 和 SV 共口
			15	通信设置口（发）	
			16	通信设置口（收）	
4	交流电流＋交流电压接口	圆形连接器（电）	1	IA	电流互感器（自封）
			2	IA′	
			3	IB	电流互感器（自封）
			4	IB′	
			5	IC	电流互感器（自封）
			6	IC′	
			7	UA	电压（不自封）
			8	UB	
			9	UC	
			10	UN	
			11	UX	
			12	UX′	

表 B. 2　　　　　110kV 线路保护专用连接器端子定义

接口序号	接口名称	类型	专用连接器纤芯		备注
			序号	定义	
1	电源＋开入＋开出接口	圆形连接器（电）	1	直流正	电源
			2	直流负	
			3	强电公共端	开入
			4	断路器跳闸位置	
			5	断路器合闸位置	
			6	合后位置	
			7	低气压（弹簧未储能）闭重	
			8	闭锁重合闸	

续表

接口序号	接口名称	类型	专用连接器纤芯		备注
			序号	定义	
1	电源+开入+开出接口	圆形连接器（电）	9	跳闸公共端	开出
			10	保护跳闸	
			11～12	无	
			13	永跳+（闭锁重合闸+）	
			14	永跳-（闭锁重合闸-）	
			15～16	无	
			17	重合闸+	
			18	重合闸-	
			19	信号公共端	
			20	装置故障	
			21	运行异常	
2	通信接口	圆形连接器（光）	1	光纤通道一（发）	单模（2M 通道）
			2	光纤通道一（收）	
			3	光纤通道二（发）	
			4	光纤通道二（收）	
			5	PPS 同步口（发）	多模（光纤通道）MMS、GOOSE 和 SV 共口
			6	IRIG-B（收）	
			7	保护专网一网（发）	
			8	保护专网一网（收）	
			9	保护专网二网（发）	
			10	保护专网二网（收）	
			11～14	无	
			15	通信设置口（发）	
			16	通信设置口（收）	
3	交流电流+交流电压接口	圆形连接器（电）	1	IA	电流互感器（自封）
			2	IA′	
			3	IB	电流互感器（自封）
			4	IB′	
			5	IC	电流互感器（自封）
			6	IC′	
			7	UA	电压（不自封）
			8	UB	
			9	UC	
			10	UN	
			11	UX	
			12	UX′	

附录 C 常规互感器接入母线保护子机专用连接器

常规互感器接入母线保护子机专用连接器见表 C.1。

表 C.1　　　　　常规互感器接入母线保护子机专用连接器

接口序号	接口名称	类型	连接器纤芯		备注
			序号	定义	
1	电源＋开入	圆形连接器（电）	1	直流正	电源
			2	直流负	
			3	强电公共端	注：间隔 2/3/4 两个开入定义取决本子机间隔对应支路的属性定义，在接入的支路是线路或主变压器支路使用时分别依次定义为 G1 和 G2 开入，在母联/分段时依次定义为 TWJ 和 SHJ 开入
			4	间隔 2_1G 开入/间隔 2_TWJ 开入	
			5	间隔 2_2G 开入/间隔 2_SHJ 开入	
			6	间隔 3_1G 开入/间隔 3_TWJ 开入	
			7	间隔 3_2G 开入/间隔 3_SHJ 开入	
			8	间隔 4_1G 开入/间隔 4_TWJ 开入	
			9	间隔 4_2G 开入/间隔 4_SHJ 开入	
			10	间隔 5_1G 开入	
			11	间隔 5_2G 开入	
			12	间隔 6_1G 开入	
			13	间隔 6_2G 开入	
			14	间隔 7_1G 开入	
			15	间隔 7_2G 开入	
			16	间隔 8_1G 开入	
			17	间隔 8_2G 开入	
			18		
			19		
			20		
			21		

接口序号	接口名称	类型	连接器纤芯		备注
			序号	定义	
2	开出	圆形连接器（电）	1	间隔2跳闸公共端	
			2	间隔2TJa	
			3	间隔2TJb	
			4	间隔2TJc	
			5	间隔3跳闸公共端	
			6	间隔3TJa	
			7	间隔3TJb	
			8	间隔3TJc	
			9	间隔4跳闸公共端	
			10	间隔4TJa	
			11	间隔4TJb	
			12	间隔4TJc	
			13	间隔5跳闸公共端	
			14	间隔5TJa	
			15	间隔5TJb	
			16	间隔5TJc	
			17	间隔6跳闸公共端	
			18	间隔6TJa	
			19	间隔6TJb	
			20	间隔6TJc	
			21	间隔7跳闸公共端	
			22	间隔7TJa	
			23	间隔7TJb	
			24	间隔7TJc	
			25	间隔8跳闸公共端	
			26	间隔8TJa	
			27	间隔8TJb	
			28	间隔8TJc	
			29		
			30		
			31		
			32		
			33	信号公共端	
			34	装置故障告警	

接口序号	接口名称	类型	连接器纤芯		备注
			序号	定义	
2	开出	圆形连接器（电）	35	运行异常	
			36		
			37		
3	通信端口	圆形连接器（光）	1	PPS同步口（发）	对时
			2	IRIG-B（收）	
			3	MMS一网/GOOSE/SV（发）	保护专网口
			4	MMS一网/GOOSE/SV（收）	
			5	MMS二网/GOOSE/SV（发）	
			6	MMS二网/GOOSE/SV（收）	
			7	环网1（发）/主子机级联口1（发）	在环网架构下定义为环网收发口。在星型架构下定义为主子机级联口，主机依次用1～3口与子机1～3级联，各子机只用级联口1与主机级联
			8	环网1（收）/主子机级联口1（收）	
			9	环网2（发）/主子机级联口2（发）	
			10	环网2（收）/主子机级联口2（收）	
			11	环网3（发）/主子机级联口3（发）	
			12	环网3（收）/主子机级联口3（收）	
			13	环网4（发）/备用（发）	
			14	环网4（收）/备用（收）	
			15	通信设置口（发）	调试口
			16	通信设置口（收）	
4	交流1	圆形连接器（电）	1	间隔1UA	
			2	间隔1UA′	
			3	间隔1UB	
			4	间隔1UB′	
			5	间隔1UC	
			6	间隔1UC′	
			7	间隔2IA	
			8	间隔2IA′	
			9	间隔2IB	

续表

接口序号	接口名称	类型	连接器纤芯		备注
			序号	定义	
4	交流1	圆形连接器（电）	10	间隔2IB′	
			11	间隔2IC	
			12	间隔2IC′	
			13	间隔3IA	
			14	间隔3IA′	
			15	间隔3IB	
			16	间隔3IB′	
			17	间隔3IC	
			18	间隔3IC′	
			19	间隔4IA	
			20	间隔4IA′	
			21	间隔4IB	
			22	间隔4IB′	
			23	间隔4IC	
			24	间隔4IC′	
5	交流2	圆形连接器（电）	1	间隔5IA	
			2	间隔5IA′	
			3	间隔5IB	
			4	间隔5IB′	
			5	间隔5IC	
			6	间隔5IC′	
			7	间隔6IA	
			8	间隔6IA′	
			9	间隔6IB	
			10	间隔6IB′	
			11	间隔6IC	
			12	间隔6IC′	
			13	间隔7IA	
			14	间隔7IA′	
			15	间隔7IB	
			16	间隔7IB′	
			17	间隔7IC	
			18	间隔7IC′	
			19	间隔8IA	
			20	间隔8IA′	
			21	间隔8IB	
			22	间隔8IB′	
			23	间隔8IC	
			24	间隔8IC′	

附录 D　分布式、集中式变压器相关定义

分布式、集中式变压器相关定义见表 D.1～表 D.5。

表 D.1　220kV（110kV）分布式变压器保护子机专用连接器

接口序号	接口名称	类型	纤芯序号	纤芯定义	备注
1	电源开入	圆形连接器（电）	1	直流正	电源
			2	直流负	
			3	强电公共端	开入量
			4	TWJ1	
			5	KKJ 合后 1	
			6	TWJ2	
			7	KKJ 合后 2	
2	开出量	圆形连接器（电）	1	跳闸公共端 1	开出量（括号中为桥、中低压侧子机）
			2	跳 A1（保护跳闸）	
			3	跳 B1（保护跳闸）	
			4	跳 C1（保护跳闸）	
			5	跳闸公共端 2	
			6	跳 A2（跳闸备用）	
			7	跳闸公共端 3	
			8	跳 B2（跳闸备用）	
			9	跳闸公共端 4	
			10	跳 C2（跳闸备用）	
			11	合闸公共端 1	
			12	保护合闸 1	
			13	合闸公共端 2	
			14	保护合闸 2	
			15	信号公共端	
			16	装置故障告警	
			17	运行异常	
3	通信接口	圆形连接器（光）	1	PPS 同步口（发）	对时
			2	IRIG-B（收）	
			3	保护专网 A 网（发）	MMS 及过程层接口
			4	保护专网 A 网（收）	
			5	保护专网 B 网（发）	
			6	保护专网 B 网（收）	

228

续表

接口序号	接口名称	类型	纤芯序号	纤芯定义	备注
3	通信接口	圆形连接器（光）	7	环网1（发）	保护环网
			8	环网1（收）	
			9	环网2（发）	
			10	环网2（收）	
			11	环网3（发）	启动环网
			12	环网3（收）	
			13	环网4（发）	
			14	环网4（收）	
			15	通信设置口（发）	调试口
			16	通信设置口（收）	
4	模拟量	圆形连接器（电）	1	UA	模拟量
			2	UB	
			3	UC	
			4	UN	
			5	U0	
			6	U0$'$	
			7	IA1	
			8	IA1$'$	
			9	IB1	
			10	IB1$'$	
			11	IC1	
			12	IC1$'$	
			13	I01	
			14	I01$'$	
			15	IA2	
			16	IA2$'$	
			17	IB2	
			18	IB2$'$	
			19	IC2	
			20	IC2$'$	
			21	I02	
			22	I02$'$	

表 D. 2　　　　　　　　　220kV 分布式变压器保护模拟量输入定义

纤芯名称	高压侧子机	中压侧子机	低压 1 侧子机	低压 2 侧子机	本体子机
UA	高压侧电压	中压侧电压	低压 1 侧电压	低压 2 侧电压	
UB					
UC					
U0	高压零序电压	中压零序电压			
IA1	高压 1 侧电流	中压侧电流	低压 1 侧电流	低压 2 侧电流	公共绕组电流
IB1					
IC1					
I01	高压侧外接零序电流	中压侧外接零序电流			公共绕组零序电流
IA2	高压 2 侧电流		低压 1 侧电抗器电流	低压 2 侧电抗器电流	接地变电流
IB2					
IC2					
I02	高压侧间隙零序电流	中压侧间隙零序电流			接地变零序电流

表 D. 3　　　　　　　　　220kV 分布式变压器保护开关量输出定义

纤芯名称	高压侧子机	中压侧子机	低压 1 侧子机	低压 2 侧子机	本体子机
跳 A1（保护跳闸）	跳高压 1 侧	跳中压侧	跳低压 1 分支	跳低压 2 分支	
跳 B1（保护跳闸）	跳高压 1 侧	跳中压侧	跳低压 1 分支	跳低压 2 分支	
跳 C1（保护跳闸）	跳高压 1 侧	跳中压侧	跳低压 1 分支	跳低压 2 分支	
跳 A2（跳闸备用）	跳高压 2 侧				
跳 B2（跳闸备用）	跳高压 2 侧				
跳 C2（跳闸备用）	跳高压 2 侧				
保护合闸 1	合高压 1 侧	合中压侧	合低压 1 分支	合低压 2 分支	
保护合闸 2	合高压 2 侧				
装置故障告警	装置故障告警	装置故障告警	装置故障告警	装置故障告警	装置故障告警
运行异常	运行异常	运行异常	运行异常	运行异常	运行异常

表 D. 4   220kV（110kV）集中式变压器保护专用连接器和端子定义

接口序号	接口名称	类型	纤芯序号	纤芯定义	220kV 保护定义	110kV 保护定义
1	电源开入	圆形连接器（电）	1	直流正	电源	电源
			2	直流负		
			3	强电公共端	公共端	公共端
			4	TWJ1	高压 1 侧开入	高压 1 侧开入
			5	KKJ 合后 1		
			6	TWJ2	高压 2 侧开入	高压 2 侧开入
			7	KKJ 合后 2		
			8	TWJ3	中压侧开入	高压 3 侧开入
			9	KKJ 合后 3		
			10	TWJ4	备用	中压侧开入
			11	KKJ 合后 4		
			12	TWJ5	低压 1 分支开入	低压 1 分支开入
			13	KKJ 合后 5		
			14	TWJ6	低压 2 分支开入	低压 2 分支开入
			15	KKJ 合后 6		
			16	备用	备用	备用
2	开出量	圆形连接器（电）	1	跳闸公共端 1	高压 1 侧跳闸出口	高压 1 侧跳闸出口
			2	跳 1A		
			3	跳 1B		
			4	跳 1C		
			5	跳闸公共端 2	高压 2 侧跳闸出口	高压 2 侧跳闸出口
			6	跳 2A		
			7	跳 2B		
			8	跳 2C		
			9	跳闸公共端 3	中压侧跳闸出口	高压 3 侧跳闸出口
			10	跳 3A		
			11	跳 3B		
			12	跳 3C		
			13	跳闸公共端 4	备用	中压侧跳闸出口
			14	跳 4A		
			15	跳 4B		
			16	跳 4C		
			17	跳闸公共端 5	低压 1 分支跳闸出口	低压 1 分支跳闸出口
			18	跳 5		

接口序号	接口名称	类型	纤芯序号	纤芯定义	220kV 保护定义	110kV 保护定义
2	开出量	圆形连接器（电）	19	跳闸公共端 6	低压 2 分支跳闸出口	低压 2 分支跳闸出口
			20	跳 6		
			21	合闸公共端 1	高压 1 侧合闸出口	高压 1 侧合闸出口
			22	保护合闸 1		
			23	合闸公共端 2	高压 2 侧合闸出口	高压 2 侧合闸出口
			24	保护合闸 2		
			25	合闸公共端 3	中压侧合闸出口	高压 3 侧合闸出口
			26	保护合闸 3		
			27	合闸公共端 4	无	中压侧合闸出口
			28	保护合闸 4		
			29	合闸公共端 5	低压 1 分支合闸出口	低压 1 分支合闸出口
			30	保护合闸 5		
			31	合闸公共端 6	低压 2 分支合闸出口	低压 2 分支合闸出口
			32	保护合闸 6		
			33	信号公共端	装置信号开出	装置信号开出
			34	装置故障告警		
			35	运行异常		
			36	跳闸备用	备用	备用
			37	跳闸备用		
3	通信接口	圆形连接器（光）	1	PPS 同步口（发）	对时	对时
			2	IRIG-B（收）		
			3	MMS 一网/GOOSE/SV（发）	MMS 及过程层接口	MMS 及过程层接口
			4	MMS 一网/GOOSE/SV（收）		
			5	MMS 二网/GOOSE/SV（发）		
			6	MMS 二网/GOOSE/SV（收）		
			7	备用	备用	备用
			8	备用		
			9	备用		
			10	备用		
			11	备用		

续表

接口序号	接口名称	类型	纤芯序号	纤芯定义	220kV 保护定义	110kV 保护定义
3	通信接口	圆形连接器（光）	12	备用	备用	备用
			13	备用		
			14	备用		
			15	通信设置口（发）	调试口	调试口
			16	通信设置口（收）		
4	模拟量1	圆形连接器（电）	1	UA1	高压侧电压	高压侧电压
			2	UB1		
			3	UC1		
			4	UN1		
			5	电压备用	备用	备用
			6	电压备用'		
			7	U01	高零序电压	高零序电压
			8	U01'		
			9	IA1	高压1侧电流	高压1侧电流
			10	IA1'		
			11	IB1		
			12	IB1'		
			13	IC1		
			14	IC1'		
			15	IA2	高压2侧电流	高压2侧电流
			16	IA2'		
			17	IB2		
			18	IB2'		
			19	IC2		
			20	IC2'		
			21	I01	高零序电流	高零序电流
			22	I01'		
			23	I02	高间隙电流	高间隙电流
			24	I02'		
5	模拟量2	圆形连接器（电）	1	UA2	中压侧电压	中压电压
			2	UB2		
			3	UC2		
			4	UN2		

接口序号	接口名称	类型	纤芯序号	纤芯定义	220kV 保护定义	110kV 保护定义
5	模拟量 2	圆形连接器（电）	5	电压备用	备用	备用
			6	电压备用		
			7	U02	中零序电压	备用
			8	U02′		
			9	IA3	中压侧电流	高压 3 侧电流
			10	IA3′		
			11	IB3		
			12	IB3′		
			13	IC3		
			14	IC3′		
			15	IA4	公共绕组电流	中压侧电流
			16	IA4′		
			17	IB4		
			18	IB4′		
			19	IC4		
			20	IC4′		
			21	I03	中零序电流	中零序电流
			22	I03′		
			23	I04	中间隙电流	低零序电流
			24	I04′		
6	模拟量 3	圆形连接器（电）	1	UA3	低压 1 分支电压	低压 1 分支电压
			2	UB3		
			3	UC3		
			4	UN3		
			5	UA4	低压 2 分支电压	低压 2 分支电压
			6	UB4		
			7	UC4		
			8	UN4		
			9	IA5	低压 1 分支电流	低压 1 分支电流
			10	IA5′		
			11	IB5		
			12	IB5′		
			13	IC5		
			14	IC5′		

接口序号	接口名称	类型	纤芯序号	纤芯定义	220kV 保护定义	110kV 保护定义
6	模拟量 3	圆形连接器（电）	15	IA6	低压 2 分支电流	低压 2 分支电流
			16	IA6′		
			17	IB6		
			18	IB6′		
			19	IC6		
			20	IC6′		
			21	I05	公共绕组零序电流	备用
			22	I05′		
			23	I06	备用	备用
			24	I06′		

表 D. 4　　　　　　110kV 分布式变压器保护模拟量输入定义

纤芯名称	高压侧子机	高压桥2子机	中压侧子机	低压1侧子机	低压2侧子机
UA	高压侧电压	备用	中压侧电压	低压1侧电压	低压2侧电压
UB					
UC					
U0	高压零序电压				
IA1	高压1侧电流	高压3侧电流	中压侧电流	低压1侧电流	低压2侧电流
IB1					
IC1					
I01	高压侧外接零序电流		中压侧外接零序电流	低压零序电流	
IA2	高压2侧电流				
IB2					
IC2					
I02	高压侧间隙零序电流				

表 D. 5 110kV 分布式变压器保护开关量输出定义

纤芯名称	高压侧子机	高压桥 2 子机	中压侧子机	低压 1 侧子机	低压 2 侧子机
跳 A1（保护跳闸）	跳高压 1 侧	跳高压 3 侧	跳中压侧	跳低压 1 分支	跳低压 2 分支
跳 B1（保护跳闸）	跳高压 1 侧	跳高压 3 侧	跳中压侧	跳低压 1 分支	跳低压 2 分支
跳 C1（保护跳闸）	跳高压 1 侧	跳高压 3 侧	跳中压侧	跳低压 1 分支	跳低压 2 分支
跳 A2（跳闸备用）	跳高压 2 侧				
跳 B2（跳闸备用）	跳高压 2 侧				
跳 C2（跳闸备用）	跳高压 2 侧				
保护合闸 1	合高压 1 侧	合高压 3 侧	合中压侧	合低压 1 分支	合低压 2 分支
保护合闸 2	合高压 2 侧				
装置故障告警	装置故障告警	装置故障告警	装置故障告警	装置故障告警	装置故障告警
运行异常	运行异常	运行异常	运行异常	运行异常	运行异常

附录 E 就地化保护现场实例

一、昆亭变就电站地化保护现场实例

1. 220kV 昆亭变电站就地化保护概况

220kV 昆亭变电站位于宁波市北仑区春晓镇，是一座投运于 2019 年 5 月的智能变电站。昆亭变电站 220kV 间隔采用 GIS 双母接线，站内共有两台主变压器，6 回 220kV 线路。昆亭变电站就地化保护是宁波电网首例 220kV 就地化挂网运行项目，主要配置一整套 220kV 就地化保护。昆亭变电站所处的位置属于典型的沿海环境，其距离海边直线距离不足 500m，对检测就地化保护对高盐高湿度极端环境的适应性具有天然的优势。

2. 现场装置安装组屏模式

昆亭变电站选取 1 回 220kV 出线、1 号主变压器、220kV 母线等典型间隔进行就地化保护挂网，挂网装置厂家为上海思源弘瑞自动化有限公司。昆亭变电站在户外 220kV 场地安装一面 220kV 母线及线路就地化保护屏，配置 1 套 220kV 线路保护（咸亭 2P54），1 套 220kV 母线保护（双子机），并设置气象站用于搜集就地化运行环境数据。户外组屏模式如图 E.1 所示，侧壁所安装的就地化保护及连接器如图 E.2 所示。

图 E.1 昆亭变电站 220kV 母线及线路　　图 E.2 昆亭变电站 220kV 母线及
就地化保护屏正面　　　　　　　线路就地化保护屏侧壁

在继保室内安装一面主变压器就地化保护屏，将三侧保护子机采用积木式挂于继保室内就地化保护屏，详见就地化主变压器保护现场安装及二次接线介绍。

在继保室还安装有一面就地化管理机屏，对主变压器保护、母线保护、线路保护进行集中管理与分析。鉴于就地化挂网运行期间并不出口跳闸，故智能管理单元是就地化保护运行数据调取和分析的重要平台。

昆亭变电站就地化保护整体接线如图 E.3 所示。

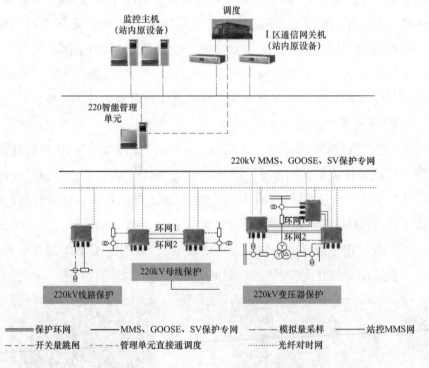

图 E.3　昆亭变电站就地化保护整体接线

3. 就地化线路保护现场安装及二次接线介绍

（1）安装方式介绍。昆亭变电站配置 1 套 220kV 线路保护（咸亭2P54），组屏于户外 220kV 场地设置 220kV 母线及线路就地化保护屏。

（2）屏柜布置。侧壁安装线路就地化保护，线路保护按单间隔组屏。

（3）装置连接器。220kV 线路保护装置设置有 4 个连接器，连接器从左至右为1号连接器、2号连接器、3号连接器、4号连接器，现场连接器如图E.4所示。

1号连接器为电源＋开入连接器，采用16芯电接口连接器，用于采集直流电源及相关开入量；2号连接器为开出连接器，采用16芯光纤连接器，实现保护对操作箱的开出功能；3号连接器为光纤连接器，采用16芯光纤连接器，用于和其他保护装置交互模拟量和状态量信息，通信设置口为装置配置接口，用于对装置进行初始设置；4号连接器为电压电流连接器，采用12芯电连接器，将系统电压互感器、电流互感器二次侧信号接入就地化保护装置。

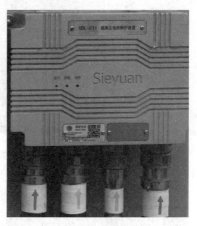

图E.4 昆亭变线路保护连接器

（4）现场二次接线。交流电流采用各间隔智能站原有的电流回路中串接的方式进行采集。在各220kV智能柜第二套保护电流采样回路中用电缆串接电流接至220kV母线及线路就地化保护屏，用于完成220kV就地化母差保护的间隔电流采集，如图E.5所示。

图E.5 220kV间隔第二套电流引接至就地化保护

针对220kV线路就地化保护与主变压器就地化保护所需的电流，通过220kV母线及线路就地化保护屏内端子排引接。220kV线路就地化仅配置咸亭2P54间隔，且与母线保护同屏配置，故用内配线进行引接。主变压器就地化保护屏在户内继保室，故采用电缆将1号主变压器220kV侧电流引接至主变压器就地化保护屏，引接方式如图 E.6 所示。

图 E.6 线路保护与主变压器保护电流引接示意

昆亭变电站各间隔保护测控电压均通过本间隔合并单元将母线合并单元级联的电压进行切换后传送。就地化保护依靠新增电缆从 TV 间隔接入电压，同时就地化主变压器、线路保护使用的电压通过操作箱切换后接入，就地化主变压器、线路配置操作箱。

装置开关位置就地使用备用辅助触点。线路汇控柜有多余备用位置接线，通过电缆接入就地化线路保护柜。

（5）保护功能。咸亭 2P54 线就地化保护采用常规模拟量直接采样，常规开关量直接跳合闸，和其他间隔层设备间通信采用 GOOSE 开关量输入输出的方式。装置包括以光纤电流差动保护为主体的全线速动主保护，由三段相间、接地距离保护及相间距离附加段、四段零序保护、三段方向过电流保护构成全套后备保护，此外还配置有三相一次重合闸功能。

（6）人机交互功能。就地化线路保护的人机交互功能集中于主控室内的保护智能管理机，通过光纤网络连接与就地化装置进行信息交互。命令菜单采用类层次化设计，在智能管理单元中统一管理和显示，菜单界面及分层菜单信息均采用标准化设置。

（7）现场保护调试及传动。就地化线路保护装置的大部分调试项目与常规线路保护装置相同，主要调试项目包括装置检查、模拟量采样检查、开关量检查、保护功能及定值校验等。调试项目与常规线路保护装置的不同之处在于需增加就地化保护的 SV、GOOSE 输入输出测试。现场调试与常规保护调试的另一个不同之处在于就地化线路保护装置调试需在户外就地端子箱处用测试仪进行加量,同时通过主控室智能管理单元监视检查保护的试验数据及动作行为的正确性。现场的传动方法与常规线路的传动方法相同,但需在户外就地端子箱处用测试仪进行加量,便于观察所传动一次设备的动作情况。

4. 就地化母线保护现场安装及二次接线介绍

(1) 安装方式。昆亭变在户外 220kV 场地设置 220kV 母线及线路就地化保护屏,配置 1 套 220kV 母线保护(双子机),线路端子柜安装于线路间隔旁,屏柜侧壁安装母线就地化保护,如图 E.7 所示。

交流电流采用各间隔智能站原有的电流回路中串接的方式进行采集。在各 220kV 智能柜第二套保护电流采样回路中用电缆串接电流接至 220kV 母线及线路就地化保护屏,用于完成 220kV 就地化母差保护的间隔电流采集。

(2) 装置连接器。连接器从左至右为 1、2、3、4、5 号连接器。1 号连接器为电源+开入连接器,采用 21 芯电接口连接器; 2 号连接器为开出连接器,采用 37 芯电接

图 E.7　昆亭变电站就地
化母线保护

口连接器; 3 号连接器为光纤连接器,采用 16 芯光纤连接器; 4 号连接器为电压+电流连接器,采用 24 芯电接口连接器; 5 号连接器为电流连接器,采用 24 芯电接口连接器。

(3) 现场二次接线。就地化母线保护装置直流电源接至直流馈线屏。母线电压接至 220kV 母线压变汇控柜,电流回路存在多装置串接情况。母线保护间隔开关及隔离开关位置,线路间隔电压切换的隔离开关位置均通过电缆从各间隔智能柜引接辅助触点。昆亭变电站就地化保护属挂网运行项目,仅将保护开出接至就地化保护屏端子排。

(4) 保护功能。昆亭变电站就地化母差保护采用常规模拟量直接采样,

常规开关量直接跳闸，和其他间隔层设备间通信采用 GOOSE 开关量输入输出的方式。装置采用积木式结构，整套母线保护功能由两台就地化保护子机构成。每台子机负责完成各个间隔模拟量、开关量采集，并且通过双向双环网通信接受其余各个子机的间隔采集信息，独立完成保护逻辑运算并负责对应间隔分相跳闸出口，并通过保护专网跟其他保护装置交换信息。各子机地位平等，共享信息，协同运行。

（5）人机交互功能。就地化母差保护的人机交互功能同样集中于主控室内的保护智能管理机，通过光纤网络连接与就地化装置进行信息交互。命令菜单采用类层次化设计，在智能管理单元中统一管理和显示，菜单界面及分层菜单信息均采用标准化设置。

（6）现场保护调试及传动。就地化母差保护装置的大部分调试项目与常规母差保护装置相同，主要调试项目包括装置检查、模拟量采样检查、开关量检查、保护功能及定值校验等。调试项目与常规母差保护装置的不同之处在于需增加就地化保护的 SV、GOOSE 输入输出测试。现场调试与常规保护调试的另一个不同之处在于就地化母差保护装置调试需在户外就地化保护柜处用测试仪进行加量，同时通过主控室智能管理单元监视检查保护的试验数据及动作行为的正确性。现场的传动方法与常规母差保护的传动方法相同，但需在户外就地化保护柜处用测试仪进行加量，便于观察所传动一次设备的动作情况。

5. 就地化主变压器保护现场安装及二次接线介绍

昆亭变电站主变压器就地化保护将三侧保护子机采用积木式挂于继保室内就地化保护屏。如图 E.8 所示，三个子机装设于同一个就地化保护屏。

（1）装置连接器。每个子机装置设置有 4 个连接器，1 号连接器为电源＋开入连接器、2 号连接器为开出连接器、3 号连接器为光纤连接器、4 号连接器为电压＋电流连接器，如图 E.9 所示。

（2）现场二次接线。就地化主变电站保护装置直流电源接至直流馈线屏。母线电压接至 220kV 母线压变汇控柜。电流回路存在多装置串接情

图 E.9 昆亭变电站就地化主变压器保护连接器

图 E.8 昆亭变电站就地化主
变压器保护组屏

况，其中就地化主变压器保护子机 1（高压侧子机），针对每个子机，子机间启动 CPU，保护 CPU 双重化级联 4 根光纤（8芯），至就地化保护管理机 A、B 网（GOOSE/SV/MMS 组网）2 根光纤（4芯），对时 1 根光纤（2 芯），装置调试口 1 根光纤（2 芯），共 8 对 16 芯；一台子机光纤接口支持 16 芯通信。

（3）保护功能。1 号主变压器就地化保护采用常规模拟量直接采样，常规开关量直接跳合闸，和其他间隔层设备间通信采用 GOOSE 开关量输入输出的方式。装置采用积木式结构，整套主变压器保护功能由三台就地化保护子机构成。三子机之间采用千兆光纤双向双环网通信，各子机地位平等，共享信息，协同运行。各子机负责完成本间隔模拟量、开关量采集，并且接收其余各个子机的间隔采集信息，完成保护逻辑运算及跳闸出口，并接入保护专网对外通讯。

（4）人机交互功能。就地化主变压器保护的人机交互功能也集中于主控室内的保护智能管理机，通过光纤网络连接与就地化装置进行信息交互。

命令菜单采用类层次化设计，在智能管理单元中统一管理和显示，菜单界面及分层菜单信息均采用标准化设置。

（5）现场保护调试及传动。昆亭变电站就地化主变压器保护在户内就地化保护柜集中组屏，故大部分调试项目与常规主变压器保护装置相同，主要调试项目包括装置检查、模拟量采样检查、开关量检查、保护功能及定值校验等。调试项目与常规主变保护装置的不同之处在于需增加就地化保护的 SV、GOOSE 输入输出测试。现场调试与常规保护调试的另一个不同之处在于就地化主变压器保护装置调试需在就地化保护柜处用测试仪进行加量，同时通过主控室智能管理单元监视检查保护的试验数据及动作行为的正确性。现场的传动方法与常规主变压器保护的传动方法相同，但需在就地化保护柜处用测试仪进行加量，便于观察所传动一次设备的动作情况。

二、齐家变电站就地化保护现场实例

1. 110kV 齐家变电站就地化保护概况

嘉兴海盐 110kV 齐家变电站是全国首座全站就地化保护挂网试点站，采用许继集团的就地化保护设备。目前挂网试运行三套就地化保护装置，包括线路保护、主变压器保护、母差保护各一套，分别挂于齐港 12493 线、1 号主变压器和 110kV 母线间隔。全站配置一套就地化保护管理单元，组屏于主控楼控制室。

2. 现场装置安装组屏模式

齐家变电站就地化保护装置采用保护设备与户外端子箱优化融合的设计方案，保护设备侧壁安装，通过预制电缆实现了保护设备的即插即用。同时，项目首次采用基于双环双向的高可靠冗余环网系统的母线及变压器保护设备，实现智能管理单元对保护子机运行方式的一致性巡检和上送信息优化融合、智能管理单元至站级监控系统及调度系统跨平台信息交互，为国家电网有限公司 2018 年就地化保护扩大示范积累工程应用经验。整体架构如图 E.10 所示。

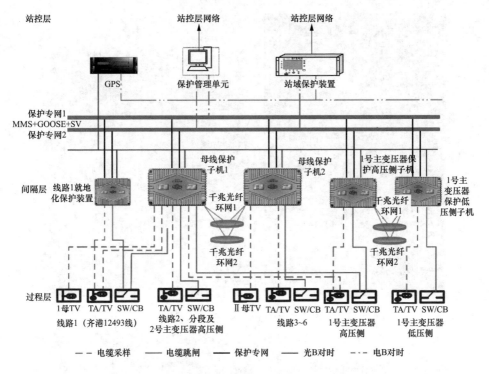

站控层

站控层网络

站控层网络

GPS

保护管理单元

站域保护装置

保护专网1
MMS+GOOSE+SV
保护专网2

母线保护
子机1

母线保护
子机2

1号主变压器保
护高压侧子机

1号主
变压器
保护低
压侧子机

间隔层 线路1就地
化保护装置

千兆光纤
环网1

千兆光纤
环网1

千兆光纤
环网2

千兆光纤
环网2

过程层

1母TV
线路1（齐港12493线）

TA/TV SW/CB
线路2、分段及
2号主变压器高压侧

Ⅱ母TV
线路3~6

TA/TV SW/CB
1号主变压器
高压侧

TA/TV SW/CB
1号主变压器
低压侧

－－电缆采样 ——电缆跳闸 ■■保护专网 ——光B对时 －·－电B对时

图 E.10 嘉兴齐家变电站就地化保护整体架构

齐家变电站线路、母线、主变压器就地化保护装置均采用侧壁安装于户外端子箱，端子箱尺寸均为 1600mm（高）×800mm（宽）×600mm（深），如图 E.11 所示。

齐家变电站就地化端子箱配置了传统的通风装置，如图 E.12 所示。

就地化保护装置外壳的接地通过接地线与端子箱外壳进行导电连接，如图 E.13 所示。

为保证齐家变电站就地化保护装置预制缆的密封与防护性，采用弯管、弯管端密封胶套、预制缆及航插头、航插头端胶套和旋紧卡箍进行密封，弯管一端焊在端子箱底座，另一端与已穿到预制缆上的弯管端密封胶套紧固，如图 E.14 所示。

图 E.11　就地化户外保护柜安装图　　图 E.12　就地化端子箱通风装置图

图 E.13　就地化端子箱接地图　　　　图 E.14　预制缆安装图

3. 就地化线路保护现场安装及二次接线介绍

　　齐家变电站就地化线路保护就地安装于齐港 12493 线开关端子箱，含一台就地化线路保护装置及一台就地化操作箱。就地化线路保护装置挂于开关端子箱一侧，就地化操作箱安装于开关端子箱内部。就地化线路保护装置型号为 PAC-813，就地化操作箱的型号为 ZFZ-811/G，设备厂家为许继电气，如图 E.15 所示。

图 E.15　就地化线路保护柜

（1）安装方式。就地化线路保护装置采用支架式安装，采用带安装附板的快捷安装方式，安装螺栓规格为 M8（6 个螺栓），装置挂至安装附板后旋紧装置顶部固定螺栓（2 个）。安装附板尺寸如图 E.16 所示。

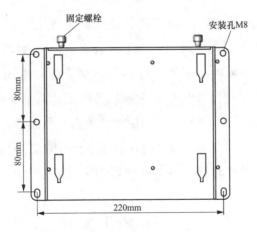

图 E.16　安装附板尺寸图

（2）装置连接器。装置设置有 3 个连接器，1 号为电源＋开入＋开出连接器、2 号为光纤连接器、3 号为电压＋电流连接器，如图 E.17 所示。

连接器从左至右为 1 号连接器、2 号连接器、3 号连接器。

1 号连接器为电源＋开入＋开出连接器，采用 21 芯电接口连接器。1 号芯为装置工作电源正极性端，2 号芯为装置工作电源负极性端，该装置可外接 220V 或 110V 直流工作电源。装置通过外壳接地，应将装置外壳底部接地点连接至接地铜排。

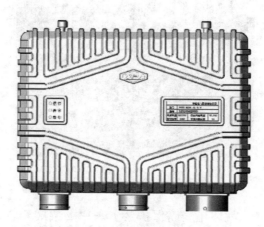

图 E.17 装置连接器示意

2 号连接器为光纤连接器，采用 16 芯光纤连接器。其 16 芯中的 MMS 口为站控层通信口，规约选择 IEC 61850。保护专网为 MMS、SV 和 GOOSE 网口为公用通信口，用于和其他保护装置交互模拟量和状态量信息。通信设置口为装置配置接口，用于对装置进行初始设置。

3 号连接器为电压电流信号电连接器，交流信号采用 12 芯电连接器，将系统电压互感器、电流互感器二次侧信号接入就地化保护装置。

（3）现场二次接线。就地化线路保护装置直流电源接至直流馈线屏。母线电压接至 110kVⅥ段压变端子箱，线路电压接至齐港 12493 线路压变端子箱。电流回路存在多装置串接情况，即就地化线路保护-就地化母线保护-故障录波-站域保护。开入回路引自齐港 12493 线路保护屏（TWJ、HWJ、线路合后位置）。开出回路引至齐港 12493 线路测控屏和故障录波屏。信号回路中的装置硬触点信号接至公用测控屏，软报文则通过就地化保护管理机上送至就地化保护监控后台。独立的就地化保护操作箱包含完善的就地跳合闸回路。

（4）保护功能。齐港 12493 线就地化保护（PAC-813）采用常规模拟量直接采样，常规开关量直接跳合闸，和其他间隔层设备间通信采用 GOOSE 开关量输入输出的方式。PAC-813 装置包括以光纤电流差动保护为主体的全线速动主保护，由三段相间、接地距离保护及相间距离附加段、四段零序保护、三段方向（低压）过电流保护构成全套后备保护，此外，还配置有三相一次重合闸功能。

（5）人机交互功能。就地化线路保护的人机交互功能集中于主控室内的保护智能管理机，通过光纤网络连接与就地化装置进行信息交互。命令菜单采用类层次化设计，在智能管理单元中统一管理和显示，菜单界面及分层菜单信息均采用标准化设置。

（6）现场保护调试及传动。就地化线路保护装置的大部分调试项目与常规线路保护装置相同，主要调试项目包括装置检查、模拟量采样检查、开关量检查、保护功能及定值校验等。调试项目与常规线路保护装置的不同之处在于需增加就地化保护的 SV、GOOSE 输入输出测试。现场调试与常规保护调试的另一个不同之处在于就地化线路保护装置调试需在户外就地端子箱处用测试仪进行加量，同时通过主控室智能管理单元监视检查保护的试验数据及动作行为的正确性。现场的传动方法与常规线路的传动方法相同，但需在户外就地端子箱处用测试仪进行加量，便于观察所传动一次设备的动作情况。

4. 就地化主变压器保护现场安装及二次接线介绍

齐家变电站就地化主变压器保护独立安装于 1 号主变压器本体附近的

就地化保护柜，含两台主变压器保护子机，分别挂于就地化保护柜的两侧。两子机之间采用千兆光纤双向双环网通信，各子机地位平等，共享信息，协同运行。各子机负责完成本间隔模拟量、开关量采集，并且接收其余各个子机的间隔采集信息，完成保护逻辑运算及跳闸出口，并接入保护专网对外通信。就地化主变压器保护装置型号为 PAC-8278，设备厂家为许继电气，如图 E.18 所示。

（1）安装方式。装置采用支架式安装，

图 E.18　就地化主变压器保护柜

安装附板螺栓直径应为 8mm（4 个螺栓），安装示意如图 E.19 所示。

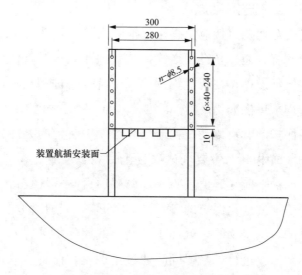

图 E.19　安装示意（单位：mm）

（2）装置连接器。每个子机装置设置有 4 个连接器，1 号连接器为电源＋开入连接器、2 号连接器为开出连接器、3 号连接器为光纤连接器、4 号连接器为电压＋电流连接器，如图 E.20 所示。

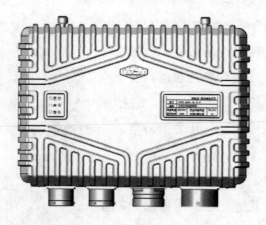

图 E.20　装置连接器示意

连接器从左至右为 1、2、3、4 号连接器。

1号连接器为电源＋开入连接器，采用16芯电接口连接器（7＋9备用）；2号连接器为开出连接器，采用21芯电接口连接器（17＋4备用）；3号连接器为光纤连接器，采用16芯光纤连接器；4号为电压＋电流连接器，采用24芯电接口连接器（16芯电流带自短接＋6芯电压＋2备用）。

（3）现场二次接线。就地化主变压器保护装置直流电源接至直流馈线屏。母线电压接至1号主变压器保护屏端子排。电流回路存在多装置串接情况，其中就地化主变压器保护子机1（高压侧子机），套管CT5-就地化1号主变压器保护-就地化母线-站域保护；就地化主变压器保护子机2（低压侧子机），套管CT9-1号主变压器低后备保护-备自投-故障录波-站域保护-就地化1号主变压器保护。开入回路引至1号主变压器保护屏（01、03TWJ、05HHJ）高压侧、（01、07TWJ、09HHJ）低压侧。开出回路引至1号主变压器保护屏（101、R133）跳高压测，（201、R233）跳低压侧，（151、159）闭锁低压侧备自投。信号回路中的装置硬接点信号接至公用测控屏，软报文则通过就地化保护管理机上送至就地化保护监控后台。针对每个子机，子机间启动CPU，保护CPU双重化级联4根光纤（8芯），至就地化保护管理机A、B网（GOOSE/SV/MMS组网）2根光纤（4芯），对时1根光纤（2芯），装置调试口1根光纤（2芯），共8对16芯；一台子机光纤接口支持16芯通信。

（4）保护功能。1号主变压器就地化保护（PAC-8278）采用常规模拟量直接采样，常规开关量直接跳合闸，和其他间隔层设备间通信采用GOOSE开关量输入输出的方式。PAC-8278装置采用积木式结构，整套主变压器保护功能由两台就地化保护子机构成。两子机之间采用千兆光纤双向双环网通信，各子机地位平等，共享信息，协同运行。各子机负责完成本间隔模拟量、开关量采集，并且接收其余各个子机的间隔采集信息，完成保护逻辑运算及跳闸出口，并接入保护专网对外通讯。

（5）人机交互功能。就地化主变压器保护的人机交互功能也集中于主控室内的保护智能管理机，通过光纤网络连接与就地化装置进行信息交互。命令菜单采用类层次化设计，在智能管理单元中统一管理和显示，菜单界面及分层菜单信息均采用标准化设置。

（6）现场保护调试及传动。就地化主变压器保护装置的大部分调试项目与常规主变保护装置相同，主要调试项目包括装置检查、模拟量采样检查、开关量检查、保护功能及定值校验等。调试项目与常规主变压器保护装置的不同之处在于需增加就地化保护的 SV、GOOSE 输入输出测试。现场调试与常规保护调试的另一个不同之处在于就地化主变压器保护装置调试需在户外就地化保护柜处用测试仪进行加量，同时通过主控室智能管理单元监视检查保护的试验数据及动作行为的正确性。现场的传动方法与常规主变保护的传动方法相同，但需在户外就地化保护柜处用测试仪进行加量，便于观察所传动一次设备的动作情况。

5. 就地化母线保护现场安装及二次接线介绍

齐家变电站就地化母线保护独立安装于户外就地化母线保护柜，含两台母线保护子机，分别挂于就地化母线保护柜的两侧。每台子机负责完成 8 个间隔（含 TV）模拟量、开关量采集，并且通过双向双环网通信接受其余各个子机的间隔采集信息，独立完成保护逻辑运算并负责对应间隔分相跳闸出口，并通过保护专网跟其他保护装置交换信息。各子机地位平等，共享信息，协同运行。就地化母线保护装置型号为 PAC-805，设备厂家为许继电气，如图 E.21 所示。

图 E.21　就地化母线保护柜

（1）安装方式。装置采用支架式安装，安装附板螺栓直径应为 8mm（4 个螺栓），安装示意如图 E.22 所示。

（2）装置连接器。每个子机装置设置有 5 个连接器，1 号连接器为电源＋开入连接器、2 号连接器为开出连接器、3 号连接器为光纤连接器、4 号连接器为电压＋电流连接器、5 号连接器为电流连接器，如图 E.23 所示。

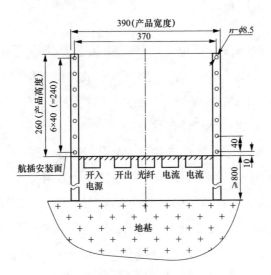

图 E.22 安装示意（单位：mm）

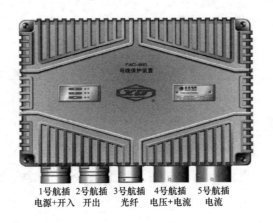

图 E.23 装置连接器

连接器从左至右为 1 号连接器、2 号连接器、3 号连接器、4 号连接器、5 号连接器。1 号连接器为电源＋开入连接器，采用 21 芯电接口连接器（17＋4 备用）；2 号连接器为开出连接器，采用 35 芯电接口连接器（31＋4 备用）；3 号连接器为光纤连接器，采用 16 芯光纤连接器；4 号连接器为电压＋电流连接器，采用 24 芯电接口连接器（18 芯电流带自短接＋6 芯电压）；5 号连接器为电流连接器，采用 24 芯电接口连接器（24 芯电流带自短接）。

（3）现场二次接线。就地化母线保护装置直流电源接至直流馈线屏，母线电压接至压变端子箱。电流回路存在多装置串接情况，其中分段间隔，分段 TA-就地化母线-站域保护；1 号主变压器间隔，套管 CT5-就地化 1 号主变压器保护-就地化母线-站域保护；2 号主变压器间隔，套管 TA-高后备-录波-站域保护-就地化母线；齐家 1227 线、齐洋 1231 线、齐横 1248 线、家洋 1233 线、跃齐 1226 线等 110kV 线路间隔，线路 CT2-就地化母线保护-录波-站域保护。开入回路，引至母分测控屏（01、03TWJ、05SHJ）；开出回路，各间隔跳闸回路接至各间隔保护屏（主控室内）。

信号回路中的装置硬接点信号接至公用测控屏，软报文通过就地化保护管理机上送至就地化保护监控后台。针对每个子机，子机间启动 CPU，保护 CPU 双重化级联 4 根光纤（8 芯），至就地化保护管理机 A、B 网（GOOSE/SV/MMS 组网）2 根光纤（4 芯），对时 1 根光纤（2 芯），装置调试口 1 根光纤（2 芯），共 8 对 16 芯；一台子机光纤接口支持 16 芯通信。

（4）保护功能。就地化母线保护（PAC-805）采用常规模拟量直接采样，常规开关量直接跳闸，和其他间隔层设备间通信采用 GOOSE 开关量输入输出的方式。PAC-805 装置采用积木式结构，整套母线保护功能由两台就地化保护子机构成。每台子机负责完成 8 个间隔（含 TV）模拟量、开关量采集，并且通过双向双环网通讯接受其余各个子机的间隔采集信息，独立完成保护逻辑运算并负责对应间隔分相跳闸出口，并通过保护专网跟其他保护装置交换信息。各子机地位平等，共享信息，协同运行。

（5）人机交互功能。就地化母线保护的人机交互功能同样集中于主控室内的保护智能管理机，通过光纤网络连接与就地化装置进行信息交互。命令菜单采用类层次化设计，在智能管理单元中统一管理和显示，菜单界面及分层菜单信息均采用标准化设置。

（6）现场保护调试及传动。就地化母线保护装置的大部分调试项目与常规母差保护装置相同，主要调试项目包括装置检查、模拟量采样检查、开关量检查、保护功能及定值校验等。调试项目与常规母差保护装置的不同之处在于需增加就地化保护的 SV、GOOSE 输入输出测试。现场调试与常规保护调试的另一个不同之处在于就地化母线保护装置调试需在户外就地化保护柜处用测试仪进行加量，同时通过主控室智能管理单元监视检查保护的试验数据及动作行为的正确性。现场的传动方法与常规母差保护的传动方法相同，但需在户外就地化保护柜处用测试仪进行加量，便于观察所传动一次设备的动作情况。